国际时尚设计丛书·服装

智能纺织品与服装面料创新设计

SMART TEXTILES FOR DESIGNERS

INVENTING THE FUTURE OF FABRICS

[美] 利百加·佩尔斯–弗里德曼 著

赵 阳 郭平建 译

张艾莉 审校

国家一级出版社 中国纺织出版社 全国百佳图书出版单位

内 容 提 要

本书主要介绍了世界各地在智能纺织品和服装面料创新设计方面的发展和应用。书的前两章简单介绍了与智能纺织品相关的概念、发展历史，综述了不同功能的智能材料及其背后的技术支持。第三章则通过大量的实例展示了设计师、建筑师以及工程师们是如何利用这些新材料和新技术来解决设计中的各种问题的。在本书的最后一章，作者将设计分为五种不同的领域， 即：工业设计、艺术设计、时尚设计、建筑设计和工程设计。通过采访这些领域顶尖的设计师以及他们的设计团队，不仅向我们展示了不同设计领域具有自己的设计原则和独特的解决问题的方法，同时也让我们了解了他们的共性：即团队合作，跨学科的合作。

本书原作者的初衷是要献给那些能够创造未来纺织品的设计师的，因此特别适合纺织、服装、材料、艺术设计等专业的大学生，以及对智能纺织品感兴趣的读者们学习参考。

著作权合同登记号：图字：01-2015-6230

图书在版编目（CIP）数据

智能纺织品与服装面料创新设计 /（美）利百加・佩尔斯-弗里德曼著；赵阳，郭平建译. --北京：中国纺织出版社，2018.1

（国际时尚设计丛书. 服装）

书名原文：Smart Textiles for Designers: Inventing the Future of Fabrics

ISBN 978-7-5180-4201-2

Ⅰ. ①智… Ⅱ. ①利…②赵…③郭… Ⅲ. ①智能材料—纺织品—产品开发②智能材料—服装面料—设计 Ⅳ. ①TS1②TS941.4

中国版本图书馆CIP数据核字（2017）第252032号

策划编辑：孙成成　　责任编辑：陈静杰

责任校对：王花妮　　责任印制：王艳丽

中国纺织出版社出版发行

地址：北京市朝阳区百子湾东里 A407 号楼　邮政编码：100124

销售电话：010—67004422　传真：010—87155801

http://www.c-textilep.com

E-mail：faxing@c-textilep.com

中国纺织出版社天猫旗舰店

官方微博 http://weibo.com/2119887771

北京利丰雅高长城印刷有限公司印刷　各地新华书店经销

2018 年 1 月第 1 版第 1 次印刷

开本：787 × 1092　1/16　印张：12

字数：157 千字　定价：78.00 元

凡购本书，如有缺页、倒页、脱页，由本社图书营销中心调换

前言

撰写本书于我而言是一段令人难忘的旅程。智能纺织品及新型材料的主题让我产生了前所未有的热情和兴趣。我发现从未有如此之多的人对艺术、设计和科学之间的美妙结合热忱至此。随着新型的智能产品、未来材料和革命性纺织技术的不断创新，新型电子面料蓬勃发展。可穿戴技术和智能纺织品的发展成为当下的热门话题，越来越多的人不断致力于将这些新型材料运用到他们的艺术追求和日常生活中。

纺织产业的革命已悄然开始。智能纺织品的出现将会彻底改变我们对服装、家居用品及其他产品的传统认识。在人们运动的同时，智能面料纺织品还能有效监控其心率、步速、疲劳度、缺水程度等机体指标，使那些曾经让身体衰弱的健康问题现在变得可以控制，使病人能够自由行动，掌握身体机能的状况，从而提高生活品质。设计师们与科学家们一起努力开发多功能的面料纺织品，从超轻面料、隔热降温纺织品到能够传播光、声、味的面料纺织品。其他的智能面料纺织品有的能够改变自身的结构，有的采用可持续方法生产，如无水染色技术以及在实验室里利用生物技术培育纺织品。

如今，我们能从我们的行为、肢体运动以及所处环境中获得的信息比以往任何时候都要丰富，但这也仅仅是冰山一角。诸如结构改变、隐私、计量体系以及增强等也不再是什么新鲜词汇。但是，这些新型的智能材料究竟是什么？可穿戴技术的发展到底能够给人们带来什么好处？为了揭开这些秘密，设计师、艺术家、科学家、技术人员、工程师，他们有的在努力研究这些新型技术并尝试不断开发运用，有的则在努力探索这些新技术对社会、环境及人们自身的影响。而我们只不过才刚刚开始这种探索之旅。

我是一名研发运动服装及产品的工业设计师，在设计工作中，这些智能材料就像明灯一样不断地指引着我。我用了一年多的时间深入研究智能纺织品及其新技术的应用，最终写成了这本书——《智能纺织品与服装面料创新设计》。这本书主要介绍了世界各地许多实验室、工作室、工作坊对智能纺织品及其原材料的开发和应用过程。

利百加·佩尔斯－弗里德曼

于纽约布鲁克林区

目录

110 第四章 设计者与设计过程

1

第一章
基本概念及背景

真正的创新可谓凤毛麟角，然而一旦产生便会引起天翻地覆的变革。现在，我们就正处于一场巨大的科技纺织品的变革之中，一场将科技与纺织品完美融合的变革。

本书的内容将会挑战读者对纺织品及纺织面料的一般认识，也将会引发读者对服装以及其他纺织品功能的重新思考。

服装可谓是人们的第二层肌肤，从出生的那一刻起，人们就与服装结下了深厚的个人情谊。穿在身上的衣服有各种各样的作用，保暖、防水、防护等，而且它们的特点也不尽相同，有的柔软舒适，有的挺括有型，有的富有弹性。服装除了发挥以上种种功能，具备以上种种特性外，服装还应能够同时兼顾款型与颜色，并且易于打理和清洗。其实，在日常的生活环境中，处处离不开纺织品，社会生产更是需要利用纺织品，并且对纺织品的要求也在不断提高，现在开始需求可持续、可再生、耗能少的纺织品。当纺织品发展得越先进，人们会提出更高的要求。纺织品和材料科学的不断发展，不但要满足消费者、使用者的需求，更要超越这些需求，甚至预测人们未来的需求。

现在，这一领域的开拓者们正在材料、纤维、纺织面料的结构和化学处理技术等细分行业的前沿不断探索着。

访谈：梅丽莎·科尔曼（Melissa Coleman）

梅丽莎·科尔曼既是一名新媒体艺术家、大学讲师、博主，又是“美丽智能面料纺织品”展览等三个智能面料纺织品展览的策划人。她着眼未来，研究人体与科技的关系。她为《时尚科技》撰稿，并在荷兰的海牙、鹿特丹、蒂尔堡、埃因霍温等地的艺术与设计学校任教。为了进一步了解梅丽莎·科尔曼对智能纺织品与电子纺织品两者之间区别的看法，我特意采访了她。我发现，她的想法正代表了当今智能面料纺织品领域最为令人振奋的理念。

由梅丽莎·科尔曼和利奥妮·斯迈尔特（Leonie Smelt）合力创作的“圣裙”（The Holy Dress），是一件能够让你变得更好的智能裙子。它采用了声音认知系统和强度分析技术，一旦探测到穿着者说谎的可能性，便会开始发光，而且发光强度会不断增强。若它判断穿着者说了谎话，就会发出最强的光，并且不断地闪烁，还会发出一阵电击，作为对说谎者的惩罚。对于穿着它的人而言，科技表现出了宗教的功能，帮助他们诚实做人。

（以下是访谈记录）

利百加·佩尔斯–弗里德曼（作者，以下简称：利）：您能简单地介绍一下电子纺织品的概念吗？能给我们讲讲智能纺织品和电子纺织品二者之间的差别吗？

梅丽莎·科尔曼（以下简称：梅）：电子纺织品是指将电子技术和普通纺织面料相结合的纺织品的总称。在其最理想的形态下（目前尚未研发出），人们应该很难分辨出普通纺织品和电子纺织品的差别，因为电子技术已经成为纺织品结构的一部分。目前，最常见的电子纺织品的形态是带有金属涂层的纺织品。但是，还有很多人正在通过实验来制造能够利用人体活动或太阳能自身产生电流的新型面料纺织品。而智能纺织品，则很难描述其材质和创新点。在一些研究案例中，“智能”可能是指一种高科技纳米涂层技术，而在另外一些研究案例中，“智能”则可能是指纺织品融合了电子和计算机的功能。事实上，“智能”所涵盖的意思是指与普通纺织品相比，包含了更多普通纺织品所不具备的功能。

利：您策划了“美丽智能面料纺织品”展览，那么您认为在智能纺织品领域，最振奋人心的事情是什么呢？

梅：我认为这个展览中的两件作品特别有趣，它们向人们展现了未来的视角。一件是由荷兰艺术家贾莉拉·埃萨迪（Jalila Essaïdi）创作的，她在埃因霍温创立了生物艺术实验室。名为“2.6g 329m/s”的项目就是她的作品之一，该项目研究的主要内容是将蜘蛛丝与人体皮肤相结

合。事实上，蜘蛛丝比钢铁还要坚韧，如果我们可以获得这样的皮肤移植，或是自身可以产出蜘蛛丝，那么我们就可能阻挡子弹。在实验中，她在一小块人类皮肤上嵌入了蜘蛛丝，然后向其开枪，结果子弹被弹落了，所以，这其实是一块防弹皮肤。当然，从长远来看，要将这样的技术运用到真正的人体上还有诸多问题尚待解决，但我更愿意认为，这只是一个有待解决的技术问题。我认为，这个项目的主要意义不在于成功与否，而在于向人们传达的全新理念，触发想象。我们都可以想一想，假如有朝一日能够将科技与自身紧密融合，我们想成为什么样子呢？

利：听起来十分有趣。

梅：是超级有趣。在我看来，虽然那仅仅是一小块皮肤，但它的意义远非如此。它启发了我们，一旦我们能够全方位地控制自身的皮肤，那我们的皮肤将会变成什么样呢？最滑稽的事情是贾莉拉·埃萨迪本人从不认为那是一件纺织品，直到外界开始那样认为。在她看来，这个实验是对人体功能的延伸，但对于那些对纺织面料感兴趣的人而言，两者间存在着紧密的相互关联。要知道，有时候，我们把衣服称之为我们的第二层肌肤。我个人认为，这个项目的价值在于让人们认识到，终将有一天，我们与生俱来的第一层肌肤能够与我们所创造的第二层肌肤完美融合。

利：那么，另外一件作品呢？

梅：另一件作品是埃布如·库巴克（Ebru Kurbak）和艾琳·波什（Irene Posch）共同研发的“收音机面料”（Drapery FM）项目。这个作品重在对材料的探索，研究如何将电子技术融合到纺织面料的结构中。我认为，他们最初的设计理念中包含了一些政治因素，因为他们想要通过衣服实现点对点的通讯，实现对一些高度个人隐私的数据进行交换。

最终，他们研制出了一种针织面料，具有像收音机一样的功能。它采用不同颜色的丝线与金属线相互缠绕，可以很容易区分不同的电子元件（电阻和电容）。这款面料的创新之处在于，它通过纺织技术使面料具有电容。这是因为，纺织过程中的穿圈织法恰好与电子电容的工作方式相仿，这一机缘巧合使得他们两人能够编织出无缝的电子装置。这个作品的美妙之处就在于，它既是纺织面料又同时是电子装置，这给我们带来了完全不同的想象。

利：这些艺术家似乎都在致力探求人体和技术的契合点。您认为那些研究智能面料纺织品的杰出艺术家也是为了这一主题吗？

梅：艺术作品的功能之一就是为那些社会中已经发生或者即将发生的主题探讨营造说法。可以说，任何与纺织品有关的问题都与人体相关。比如，将纺织面料与电子学相结合，就会触及一系列的敏感问题，隐私、亲密接触、表达交流以及其他各种问题。我认为，那些杰出的艺术家会对这样的作品感兴趣，因为它是非常适合的媒介，能够帮助我们探讨以上的话题。

利：我明白了，智能纺织品和可穿戴技术可以直观地展现人体的状态，否则，我们是不可能直接观察到的。

梅：是这样的，这是有关于身份和隐私的科学技术。我认为，大多数科学技术虽然在全球处于半公开状态，但同时隐私化也日益加强。令人惊奇的是，科技在某种程度上使得时间、空间和社会环境互不相关，但同时又使大众和私人之间的界限日渐模糊。我也不十分清楚，或许我们还没有进入到一个愿意分享自身一切的阶段。

利：在荷兰的媒体艺术团队中，您最推崇哪一个呢？

梅：在过去的十年里，荷兰 V2 不稳定媒体中心和媒体自动化研究所（Mediamatic）一直致力于在荷兰推广电子纺织品和可穿戴技术。其实，对新型面料纺织品的研究并不仅仅局限于媒体艺术团队，涉及这一领域的还有荷兰的许多大学以及艺术设计学校。埃因霍温科技大学甚至专门成立了一个致力于研究这一领域的项目，叫“可穿戴感”项目。

图 1.1 & 图 1.2

伦敦的设计师侯赛因·卡拉扬（Hussein Chalayan）与施华洛世奇（Swarovski）公司合作共同设计了一个裙装系列，其设计采用了LED灯与激光，探索人体的带电性质。

第二层肌肤

智能纺织品之所以具有变革性是由于它们往往具备了普通纺织品所没有的功能，如通信、变形、能量传输以及生长等功能。如果把人体想象成一台通信设备，五大感官就是输出和输入的工具，人们依赖这些工具发出身体内部的信息或接收周围环境的信息。现在，人们身穿的服装与感官相互作用，它们能被看到、听到、感到、闻到、触到，甚至被尝到。通过感知压力、温度、光线、低电压流、湿度以及其他刺激的方法，智能纺织品就能利用人体感官来收集信息。

有一些智能纺织品还可以收集人体内部的信息，并将其转换为数据，再通过各种方式将其传输出去。比如，一种特殊的纺织面料在接收了人体的信息之后会引发某种化学反应，还可以为计算机软件的操作提供低压电脉冲，在接收到这些信息后，面料的纤维、纱线，甚至是整块面料就可能发生变形。也正是这种能对外界刺激产生反应的功能赋予了它智能面料纺织品这一名称。智能面料纺织品能够“收集”人体的信息和周围环境的信息，继而做出相应的反应。

图 1.3

设计师弗洛里·克里斯（Flori Kryethi）采用了先进的弹力材料，利用3D打印技术制作出三块连续的模糊形式的材料，然后将它们拼接在一起，创造出了名为Trip Top概念服装。

图 1.4

莉雅·布伊奇勒（Leah Buechley）在麻省理工学院媒体实验室研发出了“动态墙纸”（living wallpaper）。该设计采用了磁性颜料和导电油漆，并且与温度传感器、光线传感器以及触觉传感器相结合，创造出了可以控制室内灯光、温度和音乐的互动式墙面。

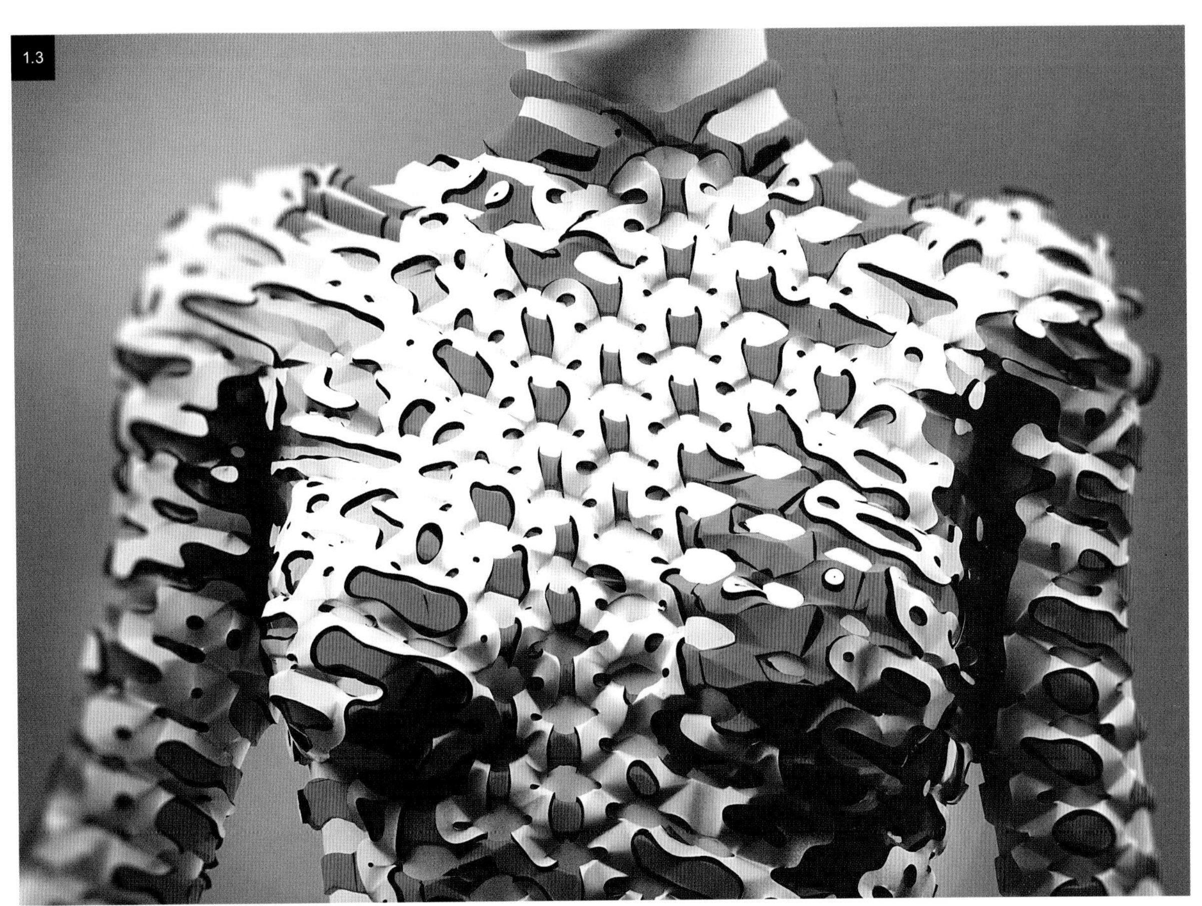
1.3

1.4

外部反应和内部反应的表现

智能纺织品做出的反应有两种基本表现形式——外部反应和内部反应。

外部反应往往会导致纺织品外部的明显变形，不仅穿着者可以感受到这些变化，服装自身也会产生变化，如发光、发声、变形、变色及释放香味等。为了激发人们的感官感受，智能纺织品能够令人们产生视觉、听觉、触觉、嗅觉、味觉等全方位的变化。人们通过微处理器在服装面料中嵌入数字化元器件，就使得智能纺织品具有了许多特殊功能。举一个简单的例子，用导电纱线制成的面料制作服装，可以直接通过衣袖来控制 iPod 和 MP3 播放器。这类纺织品也属于智能纺织品的范畴，同时也常被称作“电子纺织品”。

面对刺激因素，智能纺织品的内部反应并不一定表现出直观的物理变化，而是将这种变化传递给穿着者，从而

图 1.5

“人体天线”项目（The Human Antenna）是利用人体接收无线电波的研究项目，它将人体接收的无线电波传导到特制的导线制成的地毯上，以制造或捕捉声音信号。人踩在这样的地毯上，就会将自己接收到的无线电波传递给地毯，随之地毯将无线电波转化为可收听的信息。

图 1.6

时装设计师侯赛因·卡拉扬采用了内置技术，探索“分离、变形理念”并将其运用于设计可变形的服装中。

图 1.7

这是采用多彩实验室（Polychro-melab）研发的智能织物设计的一款可调节体温的登山夹克，能够帮助登山者解决在登山过程中温度变化的问题。

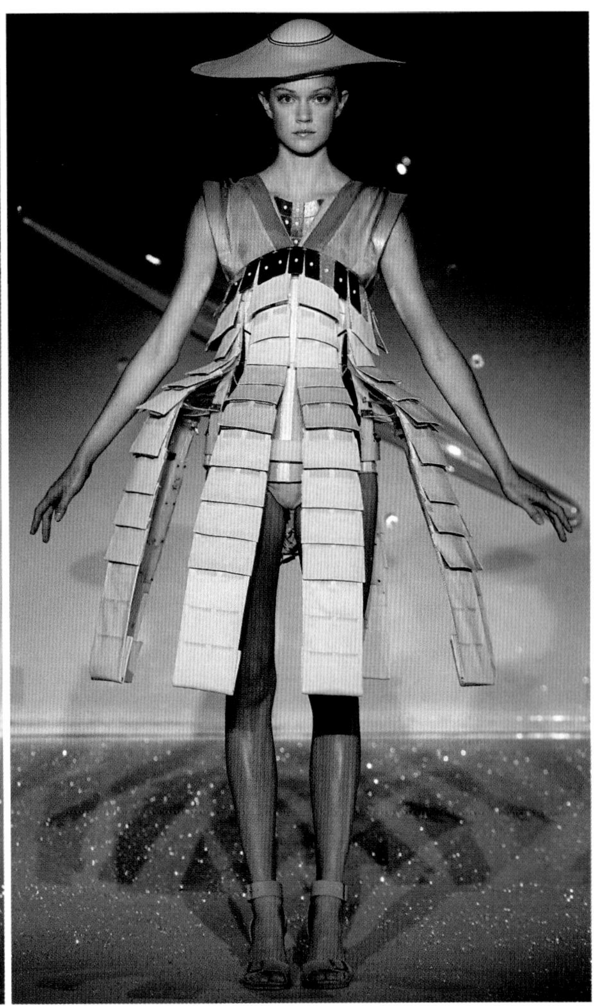

1.6

激发他们的感官（一种或多种）反应。能与人体相互作用的纺织品早已出现。如技术纺织品的一大类别就是专门制作为运动员研发的运动服装的纺织品，制成的服装非常关注其穿着的舒适度、体温调节以及排湿透气等功能。有一种纺织面料可以用来保证运动员在运动时身体的干爽。随着运动员身体开始排汗，这种面料就会开始吸收水分，随之将汗液排出到面料表层。一旦汗液到达面料表层，湿气就会迅速扩散，加速了水分的蒸发过程。这种反应有两方面的优势：一是导汗功能使得与身体接触的面料里层保持干爽；二是加快了蒸发的过程，使运动员感到十分凉爽舒适。大部分具有类似功能的面料都是通过改变纱线或者织物的物理结构或者通过面料涂层而形成的。

另外一个例子是戈尔特斯防水薄膜（Gore-Tex®）。在

1.7

20世纪60年代末70年代初期，威尔伯特·戈尔（Wilbert Gore）和他的儿子罗伯特·戈尔（Robert Gore）共同研发了这种纺织面料处理工艺。他们父子在面料的一面涂上防水薄膜，只允许空气分子进入，而将较大的水分子拒之门外，这样就制出了首款防风、防水、透气三位一体的新型面料。

图1.8

可爱电路公司（CuteCircuit）与梅赛德斯公司（Mercedes）合作设计了一款飞行员套装，这是一款带有16,000个白色像素灯并由生物传感器控制的夹克，它可以根据穿着者驾驶时的感觉和情感发光。

最新一代智能纺织品

这些先进技术首次出现时，都是当年最前沿的技术成果，但经过这么多年，它们已在许多产品中得到了广泛应用。最新一代的智能纺织品，可以进行湿度控制，能够监测体温，还能通过转换分子结构产生、保持或者释放人体所需的热量，以此调节穿着者的体温，保持其舒适的状态。

另外，纳米技术的革新发展（以纳米为单位，操控原子、分子和材料的科学）使技术人员研发出了具有超级吸水性能的材料、饰面以及涂层，比起原来的任何一种材料，它都能够更快地控制湿度，并吸收更多的水分。

智能纺织品是智能材料的纺织品形态。普通的纺织品是由纱线织制而成。纱线选用的原材料必须满足对其结构的要求，例如，丝绸质轻、有韧性、易于染色，羊毛具有绝缘性能，聚合物延展性好且舒适、便宜。将智能材料引入纺织品，就能将这些材料固有的特性赋予纺织品，从而制作出更灵活、更耐用、更易于生产的产品。

智能材料的概念已经出现多年。“智能”这一术语在20世纪80年代首次在美国提出。即便在此之前已经有很多智能材料投入使用，但智能材料在纺织品领域的应用相对较晚。

按照其功能特点，智能材料大体可分为三类：被动型、主动型和超级智能型。每一类都应用了不同类型的科学技术。功能方面最低端的是被动型智能材料。它们仅被当作感应器来使用，可以探测周围的环境或刺激因素的存在。智能材料可以收集信息，并且通过改变颜色、热量或电阻显现这些信息。例如，有一种智能纺织面料会在人体温度发生变化时变色。它采用的变色油墨是预先设定好阈值的，当达到特定温度时就会被触发，从而改变颜色。这一变化可在紫外线照射下观察到。

主动型智能材料是相对高级的材料，具有能够感知并

1.9

图 1.9

GZE 公司（Grado Zero Espace）、博通公司（Bertone）与阿尔法·罗密欧公司（Alfa Romeo）合作，利用发光纺织面料设计出一款未来概念的发光车座椅。

且回应外部刺激的功能。在一定环境中，它们既是感应器，又是发生器。许多主动型智能材料在接收到压力、震动、酸碱度、磁场以及温度变化的信息时，可以产生电压。例如，压电材料在被施压的情况下，就会产生电压。它是一种能够释放与所施压力同等电荷量的材料。这一反应的反向原理依旧适用。如果对压电材料施加电压，就会使其产生压强。当电流接通时，这种材料就会出现弯曲、膨胀以及收缩等现象，这一反应带来了材料应用的新发展。

最后是一种超级智能型智能材料，它是在前文所提到的这些功能的基础上，又多加了第三种功能。这类材料可以用作感应器，探测周围环境或刺激因素；也可以对信息作出相应的反应；但同时，它还能够改变形态以适应周围环境的特殊情况。超级智能型智能材料是研发新兴产品及产品类别中最前沿、最具动态性的领域，其中包括形状记忆合金、智能聚酯纤维、智能流体以及其他智能复合材料等。

图 1.10

设计师安吉拉·麦基（Angella Mackey）与多伦多社会团体实验室（Toronto's Social Body Lab）合作，设计了一款可与任何服装相搭配的名叫“织女星边缘”（the Vega Edge）的可佩戴光源。它是通过一小块电路板控制的LED灯，可以安装在任何服装或配饰上。

图 1.11

迪芙斯公司（Diffus）设计的“动感墙面”[The Wall E-(motion)]是一系列由纺织品和导线制作而成的圆盘组成的。这些圆盘可以对不同的感觉产生反应，包括光线、气味、声音等。

情绪感知纺织品

情绪感知纺织品可以通过颜色、光线、气味以及声音等激发人们的感觉。这些效果的产生，依赖于在面料的纤维和纱线中嵌入化合物或者在成品表层涂上薄膜来实现。纳米科技的应用促进了先进的染色抛光工艺，同时也提高了纺织品的性能，使得最终的纺织成品更加持久、耐用且拥有特殊的性能。世界各地的许多大学正在研究纳米涂层、变色印染以及在纺织面料中嵌入香味以及增加其他功能的方法，同时，美国军方也在致力于研究能够根据周围环境变色的新型军装，相比之下传统的迷彩服已显得落伍了。一旦研发成功，这些科技将会有

图 1.12 & 图 1.13

图为“神经纺织”项目（NeuroKnitting project），是利用非介入式的脑电波监测设备，在试验者欣赏音乐时，对其进行脑部活动的监测，并把试验者的反应传递到纺织面料中。艺术家瓦尔瓦拉·古哈赫瓦（Varvara Guljajeva）、马尔·卡内特（Mar Canet）与 MTG 工作室的研究员塞巴斯蒂安·米拉（Sebastián Mealla）一起，利用开放源代码式针织机“Knitic”共同设计了这些定制围巾。每条围巾都是独一无二的，展示了人体某一时刻的脑部活动。

1.14

不可限量的应用前景。

比如，名为“她”（Herself）的纺织服装作品就是这些尖端技术应用的代表作之一。该作品是世界上第一款能够净化周围空气的连衣裙，于2010年在英国谢菲尔德市首次展出。这个作品通过艺术的方式向人们阐释了利用纺织品清除空气中的一些污染物，帮助人们更加自由地呼吸的新理念。

还有微胶囊技术。它是另一个新兴的技术研究领域，它利用“微胶囊”涂层，为材料和产品提供特定性能。这项技术目前已经得到了广泛的应用，如抗菌除臭剂、防晒霜以及缓释药物等。在纺织品领域中，利用微胶囊技术，可以将香味“绑定”到纤维上，然后再将其纺成纱线，织制成纺织品。

图 1.14

海伦·斯托（Helen Storey）与英国三所大学合作设计了一款概念连衣裙，名称为“她”，这是“接触反应服装”研发项目（Catalytic Clothing project）的一部分，旨在鼓励公众通过纺织品科学地控制环境污染物。

图 1.15

这条连衣裙的设计，源自于对人类肺部的模仿，采用了智能材料，减少了空气污染物，提高了空气质量。虽然该设计只是一件概念服装，但却有着可靠的科学支撑。

防护性设计

智能纺织品已经发展到无须电子输入就可以与周围环境产生互动的阶段。运用材料科学、分子科技、纳米技术等，纺织面料被打造成了人们身体的外壳，保护人们不受伤害，帮助人们取得更大的成就。这些纺织面料增强了人体忍受极端温度、抵抗攻击以及免受枪火攻击的能力。而且，它们还可以进行药物治疗、监测生命体征、刺激意识、监控情绪、释放香气、调节体温以及保持身体干爽等。许多科学新发现的经费部分来源于各国政府为太空和军事领域的发展而支持的科学研究。

军事实验一直致力于研究新型的、更加高级的防弹衣，以增强军装的防护性能。将纳米技术以及新型纤维应用到军装中，使现在的军装不仅具有更强的防护性，而且更加轻便、舒适、耐磨。当代军装设计追求的不仅仅是保持士兵稳定的体温，还需要具有防弹功能，并且能够保证士兵在战场上与指挥部保持联系。还有一些正在进行的研发项目希望能够研制出具有止血功能的军装，当有士兵受伤时，他所穿着的军装就会将他的生命体征传输到指挥基地，以便医生决定如何通过增加压力、管控药物来止血。

随着研究人员和企业家们将这些新发现应用到产品

图 1.16

贝纳通的赛车手乔斯 · 维斯塔潘（Jos Verstappen）在一场赛车事故中死里逃生，仅受了一些轻伤。那件救他一命的赛车服是由杜邦（DuPont）公司生产的诺梅克斯防火面料（Nomex®）制成的。

图 1.17

迈凯伦车队为了保护其后勤维修人员不受 F1 赛车场上酷热环境的影响，专门为他们设计了具有降温功能的服装和头盔。这款降温服的内部利用冷却泵，使液体通过细小的管道进行循环，以此控制维修人员的体温。还有封闭式头盔选用了诺梅克斯防火材料做内衬，面罩部分则采用了防爆、可折叠的材料。

中，尖端研究的实验成果不仅应用于战场，同样也应用于人们的日常生活中。例如，由麻省理工大学应届毕业生团队创建的一个公司（Ministry of Supply）正在研发一系列服装产品，其外表像日常商务装，但具有专业自行车比赛服的功能。

为了准确了解人体肌肤的活动特点，他们采用了航空航天工程设计的程序。利用热成像仪发现人体热量释放最强的部位，他们设计的礼服衬衫在一些特殊部位采用了具有延展性的面料，使透气孔可以随着身体活动调节人体的体温。

除去这些设计细节，该公司还获得了美国航空航天局授权，可以使用专门为宇航员设计的调节体温的专用纺织面料。这种面料可以在200℃的高温环境下，保持宇航员的正常体温。他们将这种特殊面料运用到了日常服装的制作中，可以使穿着者保持身体干爽、减少排汗。

这充分说明了先进科技最终将运用于人们的日常生活中。

图1.18

35年来，杜邦公司生产的凯芙拉芳纶（Kevlar®）已经广泛用来为军队和执法人员制作防弹头盔、背心以及车辆装甲。而最新研发的凯芙拉XP面料更轻便、耐磨，同时也增强了安全性能，且易于生产。

图1.19

达瓦·纽曼（Dava Newman）是麻省理工大学的一名航空学教授，他设计研发了“生物”宇航服（BioSuit）。这款宇航服选用了一种混合的紧身智能材料，利用“机械反压力”可以得到环境中30%的压力，而这一数值恰好能保证人类在真空中存活。这款极具革命性的宇航服保证了宇航员能够在类似火星等星球上生存，同时也提高了宇航员穿着的舒适度和灵活性。

1.18

1.19

1.20

电子纺织品

特立独行的方法往往产生创新的结果。世界上一些伟大的创新就源于将各种不同的观点结合在一起。把计算机运算与纺织品相结合，这样的想法极具远见卓识。一方面，这样的纺织品能够用于转换、收集、传递数据，同时还可以储存、传导能量；另一方面，计算机也会变得更轻便、灵活，体积小到令人难以置信的程度，甚至还可以水洗。几年前，这样的纺织品似乎只是科学幻想。毕竟，大家已经习惯了计算机传统的存在形式，死板、笨重、耗电量大，最常见的配置包括键盘、鼠标和触控板。相反，纺织品给人的印象却是柔软、轻便、具有美感，但却不耐磨、不导电且易湿。总之，计算机与纺织品是两个完全不同的领域。

然而，在 20 世纪 90 年代中期，以马吉·奥思（Maggie Orth）和瑞米·波斯特（Rehmi Post）为首的研究团队在麻省理工大学媒体研究实验室开始探索如何通过缝纫、刺绣等方法将导电材料与服装面料相结合。他们的研究催生了电子纺织品的出现，同时也是科技纺织面料革命的开始。奥思开创性地在艺术创作中采用了导电纤维，并在纤维中嵌入了热致变色油墨，这样制作而成的纺织面料在接通电流时，就会改变颜色（参见第 134 页）。

图 1.20

印度的天才夫妻设计师组合潘卡旭（Pankaj）和尼迪（Nidhi）共同创作设计了一款礼服并获得大奖，使全世界的客户都为他们的创作才华所折服。这是威尔士生活印度时装周上展示的 2012 春 / 夏发光几何连衣裙。

图 1.21

“未来几何”服装系列（The futuristic Geometrica）是由工艺复杂的格子状夹克，绣有几何图案的上装和四条令人称奇的发光连衣裙组成。潘卡旭和尼迪利用新兴的服装设计技术，如激光切割、数字印刷以及可穿戴式电子产品等，创造出了当下最流行的时尚作品。作为威尔士生活印度时装周 2012 春 / 夏最具独创性的一个服装系列，赢得了许多赞誉。

从科幻到现实

此后，电子纺织品与可穿戴技术取得了飞快的发展。随着信息技术进入了人们的日常生活中，研究人员与制造商们也在不断努力缩短电子技术与纺织品之间的距离，可穿戴的计算机由科幻逐渐成为了现实。

随着计算机与纺织品之间的界限变得越来越模糊，人们的身体与计算机之间的关系也随之模糊了起来。可穿戴技术正逐渐渗透到生活之中，很快人们就会习惯科技带来的便利。穿戴的服装将会变成移动设备，通过接口就可以连接到网络，这种新的模式将会完全融入到人们的行为动作和社会活动中，变得为人们普遍接受。

纺织品会把我们熟悉的事物紧密地连接在一起，但其中的理念却又非常晦涩难懂，仅有少数从事研究工作的高级工程师和科学家才能够弄明白。智能纺织品与可穿戴技术是两个可以相互交织的领域。电子纺织品由导电纱线织制而成，可以传输信息。制成这种纱线的纤维，柔软且易于处理，并混合了其他材料，其中包括提高强度和耐磨性的碳物质、高分子聚合物、表层镀有银和镍的细铜丝（银和镍的导电性极强）。目前，研究人员已经研发出了可嵌入纤维中的微型硅芯片和感应器，这些都可以运用到微型柔性电路板中。

现在，安装有类似设备的纺织品已经发展的十分成熟，从手感到外观都与普通纺织品无异，具有良好的垂感、柔软度等，而且这种织物也可以被制成具有特定厚度、表面特性、重量以及耐用性的面料。当这些电子设备被缝制到纺织面料中时，与传统电子产品相比，显然，这种具有电子产品功能的服装更能使大众用户感到轻松自在。将科技运用到更加广阔的领域中将会使我们重新审视现在生活的许多方面，或许这场革新会引领下一个工业革命的到来。

图 1.22

德国诺万奈克斯公司（Novanex）致力于纺织品与可穿戴技术融合的产品研发。该公司与弗朗霍夫研究院（Fraunhofer IZM）和伸缩电路公司（Stretchable Circuits）联合研发出了交互系统工具箱，帮助服装设计师利用合成感应器设计出个性化灯光效果的服装。

1.22

超越传统纺织技术

除了传统的机织和针织方法之外，新的制造方法正在不断生产出可穿戴的材料。严格地讲，可穿戴材料并非传统意义上的纺织品。例如，设计师们采用一些聚合物材料，运用 3D 打印技术设计服装及配饰。3D 打印技术通过数据创造立体的三维物体，打印机会持续不断地叠加材料直到完成打印。3D 打印机可以打印各种材料，如塑料、纸张、陶瓷、玻璃、金属等。虽然 3D 打印技术仍处于萌芽期，但却彻底改变了人们创造和获取产品的途径。这一生产技术在可穿戴产品领域中的应用开创了一个振奋人心、富有前景的研究领域。

此外，还有许多其他研究可穿戴技术这一新兴领域的项目。

图 1.23

这款为蒂塔·万提斯（Dita Von Teese）特制的 3D 打印连衣裙由弗朗西斯·比通蒂工作室（Francis Bitonti）与迈克尔·施密特工作室（Michael Schmidt）联合打造，它采用了 17 种独立打印的尼龙面料，这些面料与传统的纺织面料结构十分相似。通过将每种面料相互拼接，再缀以施华洛世奇水晶为装饰，一件拼接完美的 3D 连衣裙便诞生了。

1.23

虽然有些项目研究的并非严格意义上的智能纺织品，但将运动、温度、酸碱度以及其他因素等运用到人们穿戴的物品上实属首次尝试。不久的将来，在纺织品表面添加电子设备的工艺将成为实用性技术，这将彻底改变纺织品存在的意义。事实上，智能纺织品的应用也并不仅仅局限于实际应用。艺术家和设计师们也从科技与自然的结合中获得了灵感。许多人选用非传统的纺织面料进行设计创作，挑战人们对美的固有认识。时尚设计师们将传统纺织面料与智能纺织面料相结合，利用可穿戴技术，设计出了发人深省、极具美感的现代作品。

不管智能纺织品是否能够传输数据或者在其内部结构中嵌入了其他科技元素，与传统纺织品相比，其最大的特点就是能够适应外界的刺激，并且给予适当的反应。如何实现电子器件与面料的无缝结合是电子纺织品发展的焦点。从高级成衣到艺术展览、医疗设备、安全装置、急救人员设备以及在极端条件下的应用，智能纺织品已经发展到了可以为人们提供身体防护、增强机体、娱乐，甚至带给人们惊喜的功能。本书的第三章将探索来自全球各种不同学科领域的研究人员、设计师以及制造商们如何不断研究、运用新型材料的过程。

图1.24

时尚设计师马蒂厄·米兰诺（Mathieu Mirano）设计了一款华丽的礼服，它的彩虹色紧身胸衣由甲虫翅膀制成。该设计独特的质地和色彩来自于传统纺织品与非传统纺织品的另类结合。

图1.25

声音艺术家黛·梅因斯通（Di Mainstone）精心设计了一件可穿戴的乐器——人体竖琴，即通过收集布鲁克林大桥悬索震动发出的声音。这件“寄生乐器”通过磁力连接在人桥上，穿着者一边移动，一边利用数字感应器监测悬索的震动。

体验者通过拨弄人体竖琴的可伸缩性琴弦，可以调试竖琴的各种音色，将震动与音乐结合在一起。这是一个全球性的合作项目，是由工程师、舞者、音乐家和来自世界各地的桥梁爱好者共同打造的。

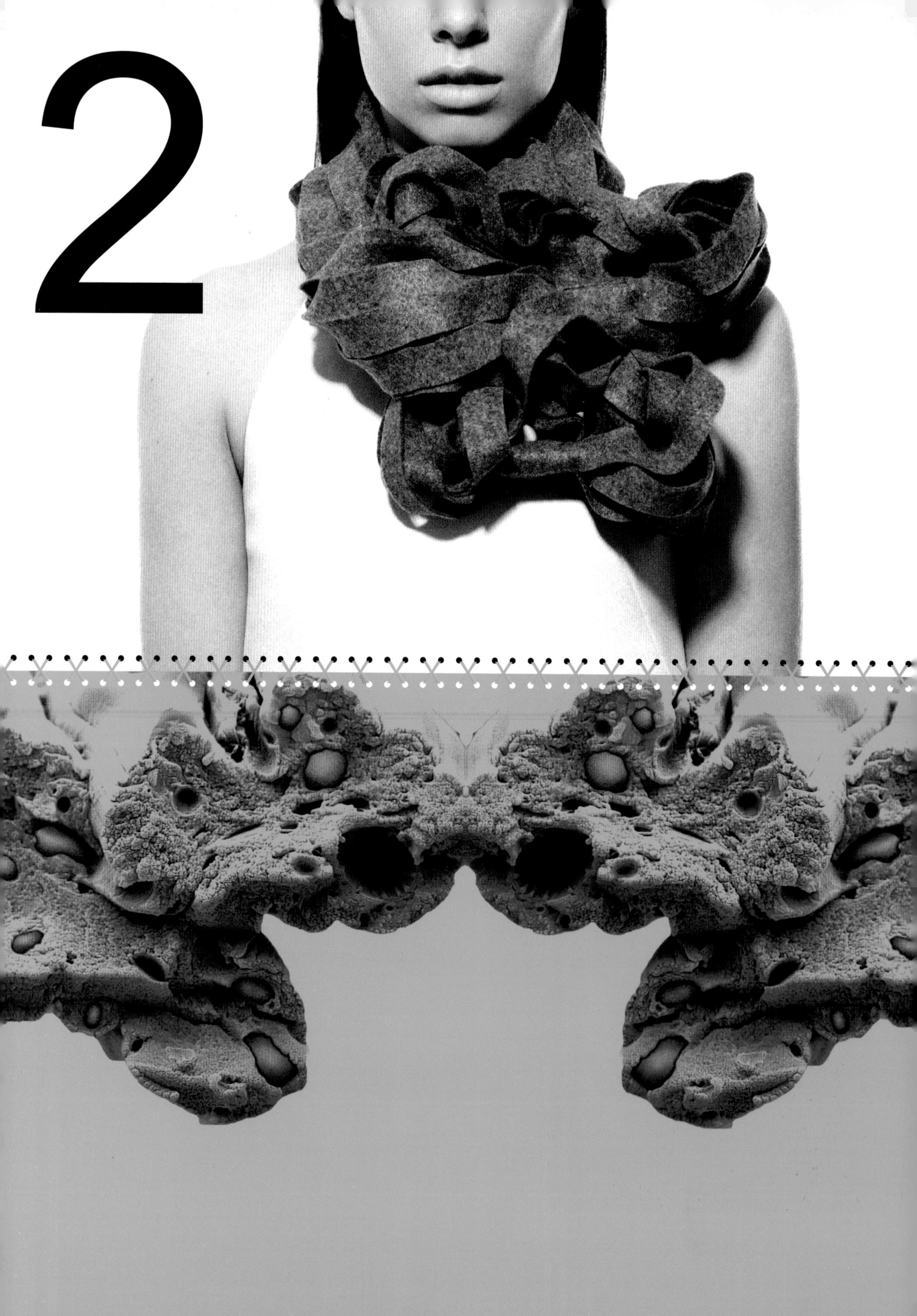
2

第二章 新材料

将科技手段运用到纺织品中，这样的想法并不新鲜。现在，对新型材料、材料组合、合金、混纺纱和面料基本成分处理（包括新型纤维、纱线形态以及织物结构等）的探索已经成了最令人振奋的科技领域。

智能材料的探索引领了防护服装、运动服装、美术、产品设计、时装、建筑、医疗、通讯设备等领域的最新研究。

材料科学家、工程师及设计师与运动员、消防应急人员以及军队共同合作，研发出了许多具有更强性能的新型面料，使它们能够帮助运动员提高速度，且具备超强耐磨性、防护性。新型防护功能服装已经从火灾、辐射危害和化学物品危害等环境中挽救了许多生命，并且还被运用于对太空的探索。

现在，许多运动服装的面料都具有能够控制能量输出、调节体温、监测心率以及其他生理反应的功能，甚至还可以向虚拟教练传送所在位置以及运动状态。智能纺织品不仅在体育领域，在美容保健领域也有巨大发展。例如，目前已经开发出了可以缓释药物并且监控病人免疫系统的医用纺织品、智能止血服装以及一系列关于香薰、肌肤护理和香水的智能美容纺织品。

本章将具体介绍各种智能纺织品及其背后的科技发展成果。

基本的纺织品要素

纺织品主要由六种要素构成：纤维、纱线、织物结构、织物间隙、着色剂和化学试剂。对以上要素的处理或组合是纺织学的基础，也是进行设计时所需要了解的基础知识。

纤维是所有纺织材料以及纱线的基本单位，其外形为针状。纤维通常非常细，长度各异，有不同种类，但大体可以分为两类：天然纤维和人造纤维。

天然纤维取材于动物、植物以及矿物质等自然资源。动物纤维通常属于蛋白质纤维，包括动物毛发，如羊毛、羊驼绒、羊绒、马海毛、小羊驼毛、安哥拉兔毛和蚕丝（由蚕吐丝结茧）等。植物纤维来源于植物，如树木、花朵，包括棉花、亚麻、苎麻、黄麻、剑麻、椰壳等。矿物纤维取材于矿物质，包括石棉、铜、银等。

而人造纤维实际上是由非纤维材料制造的，大体可以分为三类：一是天然高分子转化物，包括醋酸纤维、铜氨纤维、莫代尔纤维、人造丝纤维、橡胶纤维、黏胶纤维等；二是合成聚合物，包括腈纶、芳纶、锦纶、聚酯纤维、聚丙烯纤维、氨纶等；三是无机物，有碳纤维、陶瓷纤维、玻璃纤维或金属纤维等。人造纤维多种多样，性能也不尽相同。现在人们还在不断地研制着新型纤维以及纤维合成物。本章将详细介绍许多新型纤维材料。

纱线是由扭编在一起的纤维制成，一般采用机织、针织以及其他方法织制成服装面料。纱线的尺寸、强度、直径、均匀度以及结构各不相同。

织物结构是指纺织品内部纱线的排列，有时也指纤维本身。在织造过程中，纱线以相互垂直的角度作经纬交织在一起。当然，机织方法多种多样，如有基本织法、复杂的提花和双层织法等。机织物一般结构稳定，弹性很小（除非纱线本身具有弹性）。

针织是由纱线顺序弯曲成线圈并相互串套的纺织方法。通常针织物比机织物更富有弹性，但也并不总是如此。纱线的串套方式决定了成品面料的特性。

而缠绕法不需要将纤维纺成纱线，而是直接采用纤维制造纺织品，纤维是通过纤维间的摩擦相互连接在一起的，如毛毡及泰威克面料（Tyvek®）就是缠绕法面料的代表。

在使用纺织品时，织物间隙或纤维、纱线间隙非常重要。这些间隙使得纺织品具有大小不同的孔洞。从体积来讲，一般纺织面料中的空气占比高达60%~90%，只有一小部分是“实实在在”的材料。这些孔洞不仅增加了纺织品的舒适度，还能使纺织品具备其他功能。例如，可以在纤维的间隙中填充树脂或其他化学物质，也可以增强纺织品的防水、防紫外线、保湿以及抗菌等性能。间隙内的空气不但增加了面料的绝缘性，还使面料具有透气性。

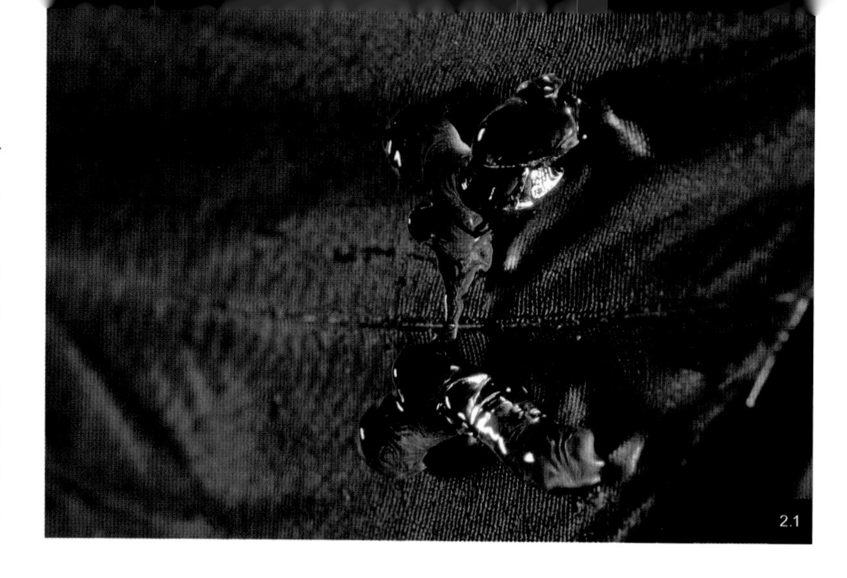
2.1

纺织品的整理方法多种多样，其中包括添加着色剂和化学试剂使纺织品获得不同的表面肌理以及特殊的物理特性。着色剂（包括染料和颜料）可以在纺织过程的任何阶段添加，如纤维、纱线或者纺织品整理阶段。附着于纤维表层的化学物质最终成为纺织品物理结构的一部分。着色剂还可以改变成品的重量、质地、手感以及颜色。

当然，根据对织物功能的设计，还可以采用其他化学处理的方法，以实现多种功能，如防紫外线、防火、防水、防污、增添香味等。化学处理可以直接在纤维上应用，例如，可以在纱线或纤维四周嵌入薄膜，或通过喷涂、印染填充间隙，还可以将织物成品放入化学试剂中浸泡。化学试剂可以用来给织物做涂层，以增加防护作用或者用来将两块纺织品黏合在一起。

功能性面料的诞生

具有特殊功能的面料并不是什么新生事物。长久以来，天然纤维以其舒适性和能够调节温度的功能备受重视。例如，用羊毛纺成的纱线就被认为是最早的功能纤维。

羊毛的特性是即使在潮湿的环境中，也可以使穿着者倍感温暖。羊毛具有很强的亲水性，可以吸收超过 29% 的水分；同时还具有疏水性，不会直接从雨雪中吸收水分，相反它会排斥水分，这一特性使羊毛织物成为制作外套的理想面料。另外，羊毛还有天然的阻燃功能。虽然一些极其干燥的羊毛容易点燃，但大部分羊毛保留了足够的水分，这会使其具有自熄的功能。而且羊毛属于蛋白质纤维，可用有机溶剂、去污剂清洗且不会对其造成任何损伤。羊毛的韧性极强，有很强的褶皱平复能力，但如果运用蒸汽和压力就能实现理想的永久折痕，因为高温、水分、压力三者的结合能够改变羊毛原有的分子结构。羊毛是有史以来就被人们广泛应用的材料，它具有的这些功能特性，使得它在今天依旧能够激发出材料科学家的探索热情。

天然纤维分子学是材料科学家和设计师研究、开发设计纤维的基础。为了更好地模仿或增强自然赋予各种纤维的功能特性，科学家通过对天然纤维的深入研究，希望运用合成材料重现甚至加强这些性能。1966 年杜邦公司研发的凯芙拉合成纤维面料便是一例。凯芙拉是一种具有高强度的芳纶，是制作防弹衣的主要面料。防弹衣的出现挽救了无数生命，但要使用这种纤维制作防弹衣，它必须要完全防水，因此需要经过冗长、昂贵的工艺过程，才能发挥有效的防弹功能。最近，在澳大利亚的一项研究中，科

图 2.1

化学处理可用来实现面料的防紫外线、防火、防水等功能，如具有超疏水性能纳米涂层面料。化学处理工艺可以直接应用到纤维上，如在纱线或纤维四周嵌入薄膜，或通过喷涂、印染填充间隙，还可以将成品放入化学试剂中浸泡。

图 2.2

集款式与功能于一体的产于意大利的斯比蒂凯芙拉牛仔裤（Spidi Kevlar）选用了棉、莱卡、芳纶三种成分混合制成。它的表面类似于普通牛仔布，但为了防止磨损，其里层选用了神经酰胺合成纤维（Keramide）。

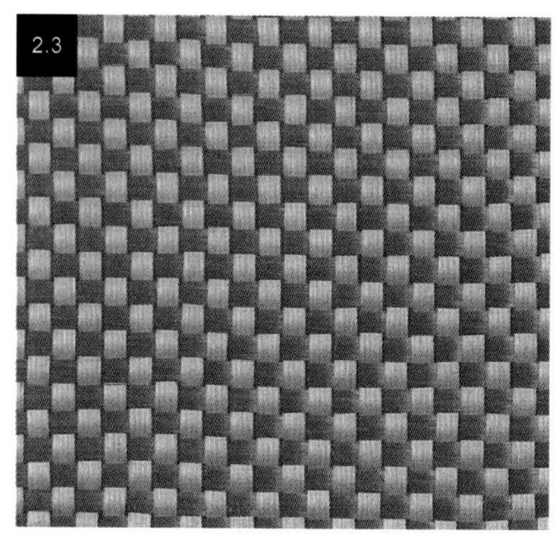

学家发现将密实的羊毛加入到凯芙拉纤维中，可以大幅度提高面料的功能和吸水性，从而使制成的防弹背心质量更轻，而且成本更低。研究人员还发现羊毛有遇水膨胀的特性，利用这个特性可以在增强防弹背心的穿透阻力的同时，减少凯芙拉的使用层数，从原来的 36 层减少到 30 层。在另外一个例子中，研究人员正在努力改造羊毛本身固有的一些特性，在加强其部分天然特性的同时，减少其一些不理想的特性，如缩水性。名为 TEC 的美利奴羊毛处理工艺（Total Easy Care）可以对羊毛做永久处理，并应用于纺纱或服装后整理工艺过程。这个工艺分为三个步骤：氧化前处理、利用能够产生膨胀效果的聚合物水洗羊毛、密封羊毛纤维边缘，经过这样处理的羊毛就会有黏结效果。这个工艺可以使羊毛服装耐机洗，有些甚至可以承受甩干。

从上文中的例子可以看出，为了获得预期的效果，设计师和科学家一直都在寻求控制纺织面料基本成分的方法。许多早期的功能纺织品推动了今天智能纺织品的发展。功能纺织品这一领域，大约诞生于 1912 年的奥林匹克运动会，那是第一次五大洲的运动员齐聚瑞典斯德哥尔摩的历史盛会。竞技运动员开始越来越受欢迎，为其制作专业的运动服装的想法也愈发强烈，随之许多公司开始研发能提高运动员穿着舒适度、运动能力以及竞技能力的纺织品。

网眼面料

20 世纪 20 年代晚期，曾七次获得网球大满贯的法国著名选手何内·拉科斯特（René Lacoste）和一些设计师联手研制出了一种全新的纺织面料。1926 年，他首次穿着这种面料制作的运动服参加了美国网球锦标赛（即现在的美国网球公开赛）。这是一种网眼针织物，一直以来被认为是最早的功能性面料。它是百分之百的纯棉织物，表层有

图 2.3

凯芙拉芳纶具有高强度的特性，因其广泛应用于防弹衣的制作而著名。它是 1966 年杜邦公司研发的一种具有高强度的芳纶，至今已挽救了无数生命，但其制作工艺冗长而昂贵。

图 2.4

将密实的羊毛加入到凯芙拉芳纶中可以大幅度提高该面料的吸水性，从而使制成的防弹背心质量更轻，而且成本更低。当它吸水时，羊毛就会膨胀，从而增强防弹背心的整体穿透阻力。

许多网格状的小孔，而里层却是平滑的。这种构造让面料的表层相对于里层而言，表面积更大。这样，穿着者皮肤表面的水分就能从面料的里层渗透到表层，然后通过更大的表面积加快水分的蒸发。在这个过程中，穿着者也会感到凉爽舒适，因此，这种面料就起到了一箭双雕的作用：穿着者既能感到凉爽，又能保持干燥。

网眼面料是为特定用户的特殊需求而专门研制的。将一般的脱脂棉纤维与这种独特的表面构造相结合创造出了沿用百年的具有高性能特点的面料。从那时起，这种构造特点就对许多面料及纱线重量的变化和组合产生了很大影响。时至今日，许多功能面料仍旧采用各种原始的网眼构造。

随着纳米技术和相变技术领域的发展，功能纺织品已飞速发展到了智能纺织品的阶段。在政府、军队及航空航天研究机构的主导下，纺织领域有了许多突破性的发现。在过去的20年里，相关研究已经朝着人们无法想象的方向如雨后春笋般地迅猛发展。现在，设计师在设计各种纺织品时，更多考虑的是健康和养生的因素，因此研制出了许多具有不同功能的面料，例如，能够对抗感染、输送药物、缓解压力、监测生命体征的面料等。

智能纺织品概况

1. 功能提升

功能纺织品发展成为今天的智能纺织品，充分说明了人们对纺织品有了更多的要求。例如，人们希望这些智能纺织品能够保证人们在极端环境中的正常作业，在危险环境中得到保护，一些高水平运动员也希望通过智能纺织品的帮助使自己能够发挥得更加出色，甚至在医学领域也有智能纺织品的用武之地。现在，我们已经有了具备湿度控制和温度控制功能的面料、弹性面料以及能提高速度、灵活性和耐力的用于体育比赛的特殊面料。在这些面料中，有些被认为是高级的智能纺织品，它们不但能够感应周围的环境或刺激，而且还能做出相应的反应。现在，更加先进的面料正在不断出现，它们不但能做出反应，甚至还能进行转换，但是大多数物理功能强大的面料都是消极智能纺织品。

提高灵活性

也许最出名的具有高度灵活性的功能纤维就是弹性纤维了。弹性纤维可以拉伸至极限长度，并能够完全恢复原状，专门用于需要高度弹性的部位。弹性纤维一般由天然或合成的橡胶、聚氨基甲酸酯纤维（聚氨酯）、丙烯酸和一元醇组成的脂纤维（聚丙烯酸酯）以及复合纤维、尼龙氨纶（弹性纤维）构成。

弹性纤维也能够与其他形式的纤维相结合，能使纺出的纱线具有拉伸效果，而且具有很好的绝缘性和耐酸性。弹性纤维的出现彻底革新了运动服装，目前几乎在各类服装中都有所应用。

调节温度

对于运动员及其他参加耐力活动或是在极热环境下工作的人而言，具有温度调节功能的纤维具有很大的竞争优势。现在，有许多纺织品都能够通过与人体产生交互作用达到控制能量输出、调节体温的目的。

一般，在恒温条件下，人体才

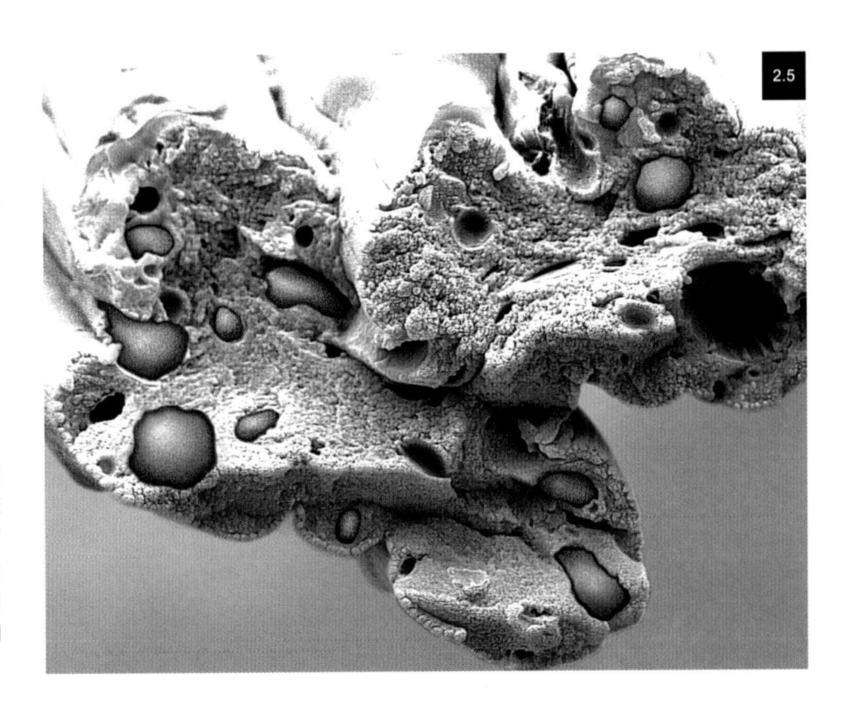

图 2.5

微胶囊技术直接将化学物质嵌入到纺织面料的物理结构中。它与涂层不同，在涂层中，化学物质附着在纤维的表面，而这种技术的最终目标是使化学物质成为纤维的一部分。正如美国奥莱科技公司（Outlast®）的微观视图所展现的那样，相变材料直接被嵌入到了织物的纤维中。

能最有效地运作。例如，对运动员而言，“热身”需要能量。随后，肌肉一旦以最高效率运作并达到最佳热量时，身体就会消耗额外的能量，且通过排汗和增加皮肤的血流量来减少体内多余的热量。

所谓“相变”就是物质从固态转变为液态的过程，就如冰转化成水。在此过程中，物质“储存”或“释放”能量。美国国家航空航天局（NASA）研发出了一种技术，将相变材料嵌入纤维中制作宇航员穿着的宇航服。

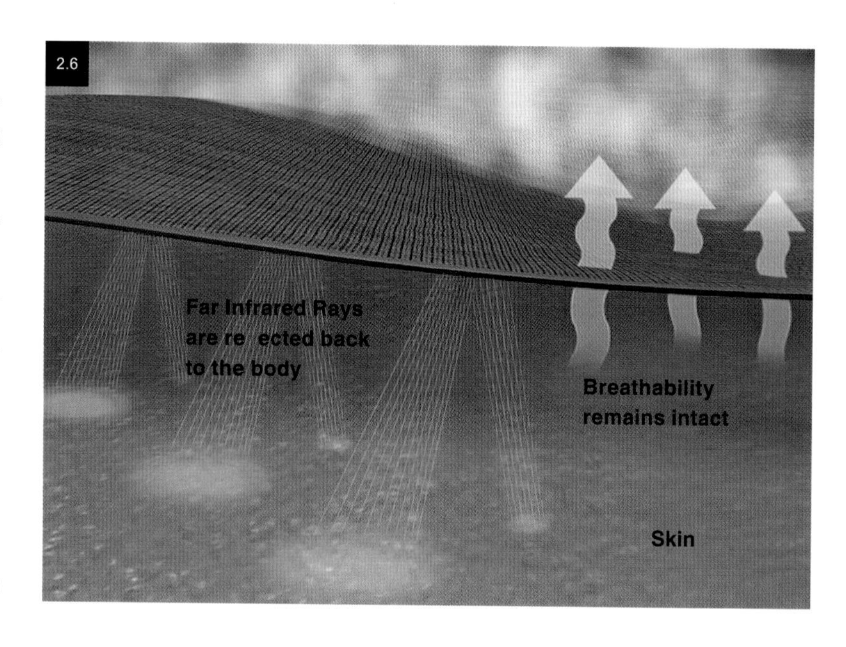

现在，融进相变材料（PCM）的纺织品可以形成能量调节系统，这种设计能够保持人的体温处于恒温状态，使人不会感到太冷，也不会感到太热，在冷热两极之间减少人体能量的输出。例如，美国奥莱科技公司通过其特有的工艺，将一些微胶囊材料嵌入纤维之中。另外，它们也能被运用于纤维、纱线或作为成品布料的涂层之中。

当相变材料转变成液态时，能够从人体吸收并“储存”多余的热量。当人体温度开始下降时，这种材料就会开始转变成固态，并释放出热量，这样，热量就“返回”到人体当中。利用相变材料的这种特性能够通过积极吸收并储存热量来降低人体过热和排汗的现象，从而增强人体的舒适度。其整体效果就是一种新陈代谢能量的储存，因为，这种转变能够减少人体用于调节皮肤温度的能量。

当然，对人体热量的调节也可以利用远红外线的反射来实现。“能量齿轮”（Energear™）就是一种采用了能量回收系统的纺织品，由瑞士舒乐纺织品公司（Schoeller）研发。这种面料采用钛合金矿物质制作而成，可以将人体散发的热量以远红外线的形式反射给穿着者。这个反射过程加快了人体的血液循环，提高了人体血液中的氧含量，这已经被证明可以有效增强人体功能、防止疲劳、提高注意力并增强血液的再生能力。实验证明，“能量齿轮”面料能够有效降低血液中的乳酸，提高人体的生理机能（在运动过程中，人体血液中乳酸的增加会增加肌肉的疲劳感）。在压力测试中，一组受试者穿着由“能量齿轮”面料制成的衣服，而另一组受试者则不穿，对他们心率监测的结果说明，在体育运动中，穿着“能量齿轮”面料制成衣服的受试者的心率所受的影响是积极的，约25%的受试者显示，他们的心率降低了约20次/分钟，这意味着热量输出明显减少。

另一种控制热量的纺织面料是霍洛金尼克斯有限责任公司（Hologenix，LLC）开发的赛丽安特面料（Celliant®），它能够把收集到的热量返还给人体。它采用了13种微小的热反应性矿物质，这些矿物质被永久地嵌入天然的或者合成的面料中。人体消耗热量的60%是因身体热量的流失。这些矿物质与人体自身的热量一起发挥作用，改变着可见与不可见光线的光谱，通过收集流失掉的人体热量并转化为红外热量，再把热量回收到人体。红外线（不要与紫外线混淆）被认为对人体有积极的影响。在医学领域，红外线被认为是血管扩张剂，能增加肌体的氧含量、增强细胞活力、调节体温。因此，这种纤维能够广泛应用于服装、家纺、医疗保健和兽医产品中。

“深色凉爽”面料（Coldblack™）（使深色面料具有凉爽效果的技术）

“深色凉爽”面料是舒乐纺织品公司的另一项革新技术，它能调节人体皮肤的表面温度，并保护皮肤免受长波紫外线（UVA）和短波紫外线（UVB）的伤害。一般浅色面料既能反射太阳光的可见光线，也能反射不可见光线，而深色面料却吸收这两种光线。在光照强烈的环境下身穿深色衣服会让人觉得更加不舒服。因此，舒乐公司研发了这种化学处理技术，提供全光谱的紫外线保护。该技术可以应用到任何面料上，且不影响其外观和手感。

它可以利用面料的表面反射紫外线，且紫外线防护系数（UPF 值）最小可达 30。用这种技术处理过的黑色和其他深色面料可以有效降低人体皮肤表面的温度，减少人体的排汗量。

未来热量控制技术的发展方向是使纺织品自身能够产生热量以维持人体恒定的温度。来自匹兹堡大学和哈佛大学的科学家和工程师团队利用合成材料共同研发出了具有机械性质和化学性质的反馈环路，来模仿人体调节体温的机能。他们研发的自适应可重构可调试机械化学系统（SMARTS），将细微的“毛发”嵌入水凝胶里，这些“毛发”可以保持直立或平放的状态，就像你手臂上的汗毛对冷和热做出的反应一样。

当“毛发”直立起来，达到上液层与化学试剂相互作用产生热量时，SMARTS 系统就会开始发挥作用，所产生的热量会导致温敏性凝胶收缩，继而释放“毛发”，使这些“毛发”自然弯曲脱离试剂。当该系统逐渐冷却下来时，又会导致凝胶膨胀，迫使那些“毛发”回到直立状态，以重新开始循环。这就像是一个能够自我调节的开关一样。期望这项研究最终开发出能够自我调节的微观材料，并能广泛应用于更智能的节能建筑材料、生物医学工程设备、能够自我调节的智能纺织品等领域中。未来的面料就是能够“感觉”到人体或周围环境温度的下降，继而自动产生热量。

空气动力学

为了不断创造新的世界纪录，运动员们开始关注服装的作用，希望特殊面料制作的运动服装能够减少身体周围的阻力，产生更好的气流，从而将速度提高哪怕只有十分

图 2.6

“能量齿轮”是一种能够帮助能量恢复的面料。这种面料的构造可以利用红外线将人体的能量反射给穿戴者。该图展示了能量如何反射回人体，同时又兼具散热功能。

图 2.7

这张热成像图片显示了泳池中的游泳运动员周围的水流情况。速比涛公司在为游泳选手的比赛服设计面料及接缝的过程中，分析水的阻力时用到了这类信息。

图 2.8

速比涛公司的这款 LZR 鲨鱼皮泳衣（Speedo's LZR Racer Suit）在减轻皮肤和肌肉振动、减少疲劳症状方面取得了巨大成功，但也因其带来的竞争优势而在 2009 年被禁止使用。然而，先进的泳衣依然在研发中，如 TYR AP12，它使用了焊接技术以提高泳衣的防水性能。

2.7

2.8

之一秒。其中的一个例子就是速比涛公司（Speedo）生产的鲨鱼皮泳衣（LZR Racer Suit）。这款泳衣在2008年被研发出来，随后在2009年就被禁用了，因为人们发现在游泳比赛中，94%赢得奖牌的奥运会游泳选手都穿着这款鲨鱼皮泳衣。第一批鲨鱼皮泳衣获得了惊人的成功，以致国际泳联（FINA）不得不在2010年改变竞赛泳装的指导原则。与美国航空航天局共同研发的这款泳衣，其面料可以收缩，以减少皮肤振动和肌肉振动。此外，这款泳衣还设计有紧身胸衣，以保持游泳运动员的重心平稳。

制作这款泳衣的材料是表面经过上胶、防水处理的氯丁橡胶。经试验，它可以加快水在面料表面的流动。速比涛公司目前最领先的技术是开发了综合性的鲨鱼皮3竞赛系列（FastSkin3），包括泳衣、泳帽和泳镜。游泳时，同时使用这三样东西能够有效减少在水中的被动阻力。我们都知道，当水流经过人体周围时，会阻止游泳运动员的滑行。鲨鱼皮3竞赛系列采用高度紧身的面料，结合先进的制模体型，运用了无缝技术，才使得降低水流阻力得以实现。这款泳装系列的独特之处在于，这些元素不仅有各自的特点和优势，而且能够协调运作，提高整体性能。当运动员在水中滑行时，泳衣能利用其特殊的表面纹理和优良的弹性在运动员周围产生最佳的水流环境。

降低空气阻力技术（AeroSwift）

在田径比赛项目中，无疑耐克（Nike）公司是技术创新的佼佼者。2008年，耐克公司专门为田径运动员设计的紧身运动服首次亮相，其面料表面纹理的设计灵感来源于高尔夫球上的小坑。科学已经证明，高尔夫球“坑坑洼洼”的表面能够使球体飞得更远更快，于是，耐克公司的设计师便把这种理念运用于田径运动员服装，以减少空气给田径运动员带来的阻力。耐克公司生产的倍速运动服（Pro TurboSpeed）就是采用了降低空气阻力的技术，在对运动有重要作用的人体部位，采用这种特殊表面结构的面料，以增强运动员的比赛能力。这种紧身衣技术不仅要使用特殊的面料，还依赖于具有创新性的、更加统一的结构，光滑的腰带设计和黏合平缝技术的使用，还有衣服外面富有弹性的边缘饰面，都有助于减少振动和衣服的体积。通过在一些世界上最优秀的田径运动员穿着超过1000小时的风洞测试，证明了耐克公司生产的这款倍速运动服的确比一般运动服更能有效提高运动员的速度，经测算约每100米所耗的时间少0.023秒。

高山滑雪和跳台滑雪也是能够依赖先进的设计技术和技术面料来获得竞争优势的运动项目。在大多数世界杯中，高山跳跃滑雪项目所穿用的运动服都是瑞士舒乐纺织品

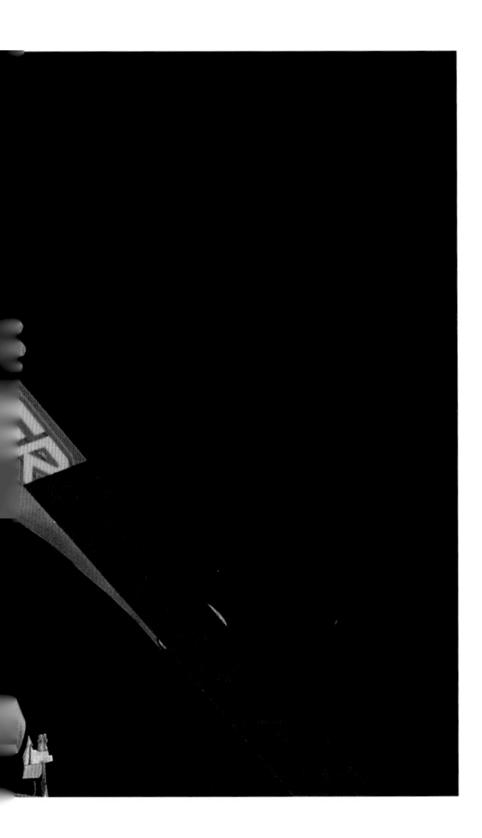

图 2.9

降低空气阻力技术（AeroSwift）战略性地将3D打印图案与表面构造相结合，为运动员有效减少空气阻力。

图 2.10

高山滑雪运动员依赖自己的运动服来增加滑翔时间，使自己在空中的动作得以平稳，而且这种运动服还可以让运动员在山上感到舒适。埃施勒技术面料公司（Eschler）研发了一批具有高度耐磨性能的纺织面料，结合了锦纶（聚酰胺）/氨纶（弹性纤维）、涤纶（聚酯）和泡沫，以此来提高面料的水分控制性能、空气动力性能和弹性。

公司生产的，它采用一种厚度为1厘米的具有空气动力特性的多层特殊面料制成。国际滑雪联合会对高山跳跃滑雪项目运动服的面料和构造有严格的规定，因为运动服的合适度及面料都会对运动员的跳跃产生极大的影响。宽松的运动服会有多余的表面积，在运动员空中滑翔的过程中就会捕捉更多的风，会给运动员腿部和上身带来更大的移动空间。舒乐纺织品公司特别使用经编针织法和埃施勒舒适系统技术（Eschler Comfort System）创造出了一种新型的三层面料，为2014年冬季奥运会高山跳跃滑雪项目的运动员推出了新产品。这种面料在锦纶（聚酰胺）/氨纶（弹性纤维）外层和涤纶（聚酯）内层之间夹了一层泡沫。这种设计是为了符合严格的国际滑雪联合会的新规定，要求高山跳跃滑雪服必须非常合体。为了增加面料的强度和抗磨损能力，舒乐纺织品公司又给这种面料的表面添加了与金刚石一样硬的陶瓷颗粒涂层。最终，这种面料达到了既透气又耐磨的效果，它将面料的弹性、湿度控制及空气动力学有效地结合起来。

另一个在2014年冬季奥运会上备受瞩目的杰作就是由安德玛公司（Under Armour）和航空航天承包商巨头洛克希德·马丁公司（Lockheed Martin）联合研发的马赫39（Mach 39）速滑服。这两家公司的总部都设在美国马里兰州，在完全保密的安德玛创新实验室里，研发人员设计出了这款速滑服。首先，模特需要模仿出运动员在绕过滑道时的身体姿态，然后研发人员将100多种面料在250个不同的原型装置里进行风洞测试，不断调整接缝、拉链和面料的组合，以找出最有效的面料组合与构造。最终他们设计的速滑服采用了五种不同的面料，而且沿脊柱处设计有一个通风孔，可以排出身体多余的热量。早先在游泳运动员中做的调查显示，表面粗糙的纺织面料在风道和冰上的性能更好，因为它可以使选手周围的气流分布得更均匀。所以，最终的速滑服产品是将减少摩擦力的平滑面料使用在身体部位易摩擦的地方，如大腿内侧和腋下，而将表面纹理比较粗糙的面料用于身体周围，以优化气流。

水分控制

水分控制是面料舒适度的关键性能指标之一，它是对水蒸气和液态水的控制，人体的汗液从皮肤表面渗出，透过衣服排出体外。为了提高舒适度，新型纺织面料希望能够让人体在各种活动及不同的环境条件下保持热量的平衡。这个概念不同于面料的透气性，面料的透气性是指包括水蒸气在内的各种气体透过面料的速度。

水蒸气是人体排出水分（汗液）的主要载体，人体多余的热量从皮肤的表面蒸发，这个过程是调节体温的关键。这不仅仅让人体在过热时保持舒适，而且还能使人体在寒冷的天气条件下，保持身体的干燥以维持身体的恒温状态。

自从50年前具有开创性的戈尔斯特防水面料出现，有效控制服装中积聚的水分已经成为新型纺织面料研究的一大创新领域。现在，一种新的纳米整理工艺已经将纺织面料的水分控制、防水、防风、透气的功能提升到更新、更高的层次。

戈尔斯特防水面料采用的是已经获得专利权的膨体聚四氟乙烯制成的透气薄膜，将它粘贴在面料表层上，就能构成2层或2层半或3

层的面料结构。透气薄膜中的小孔可以让水蒸气通过，却不能通过较大的水分子。这种面料的防风性能是通过面料的空气渗透率实现的，而不应与面料的透气性混为一谈。透气性指的是水分和湿气穿透面料的程度。

“活性壳”技术（Active Shell）是戈尔公司最新研发的技术，比其前身更纤薄、更轻盈。这种新的透气薄膜是多孔层的，可以直接粘在没有黏性的面料上，以减轻面料的整体重量。据估计，这种薄膜每平方英寸（1 平方英寸 =6.4516 平方厘米）有超过 90 亿个小孔，比原来的薄膜的透气性提高了 38%。

而极地技术公司（Polartec）的“新型壳”透气面料（NeoShell®）则采用的是另一种透气薄膜。这种薄膜在显微镜下看起来就像是由聚氨酯螺纹织成的蜘蛛网。这种薄膜具有超级优良的透气性，且运作方式不同于传统的透气薄膜，传统的透气薄膜需要有温度差才能使水分开始向外散发。这种薄膜可以广泛运用在针织物和具有弹性的面料上。

还有其他的一些公司也开发出了防水面料，诸如珀特纺织品公司（Pertex）的 Shield+，伊沃公司（Evo）的 eVent，巴塔哥尼亚公司（Patagonia）的 H2No®，哈德维尔山公司（Mountain Hardwear）的 Dry.Q Elite 以及北面公司（The North Face）的 HyVent®、HyVent® Alpha 和 HyVent® 2.5L Eco 三种面料。这些面料采用了不同的方法来获得防水、透气、防风的性能。

值得一提的是，软壳面料的防风雨整理与弹性面料的方式稍有不同。透气性是通过扩散的方式得以实现。人体产生的湿气和热量会对服装产生压力，当这个压力足够大时，水蒸气就不得不通过面料扩散出去。这种反应的发生通常需要依赖人体的运动来产生足够多的热量，因此，这样的整理方式最适合耐久保护性装备，还有滑冰、滑雪、跑步及其他户外有氧运动的装备上。

图 2.11

风洞实验可以测试出服装的空气动力值。这幅图所展示的是对 SAP 极限帆船队队长穿着的舰队防风夹克进行的测试。

图 2.12

极地技术公司生产的“新型壳”透气面料（Neoshell®）通过防水薄膜实现了服装的防水功能和透气性。

图 2.13

迪尼玛面料（Dyneema®）主要用于航海，格雷戈·琳恩（Greg Lynn）用它制作了碳晶帆（Carbon Crystal Sails），从而开创了船帆安装的新方法。2009 年，由施华洛世奇公司赞助，该产品在迈阿密得以展出。

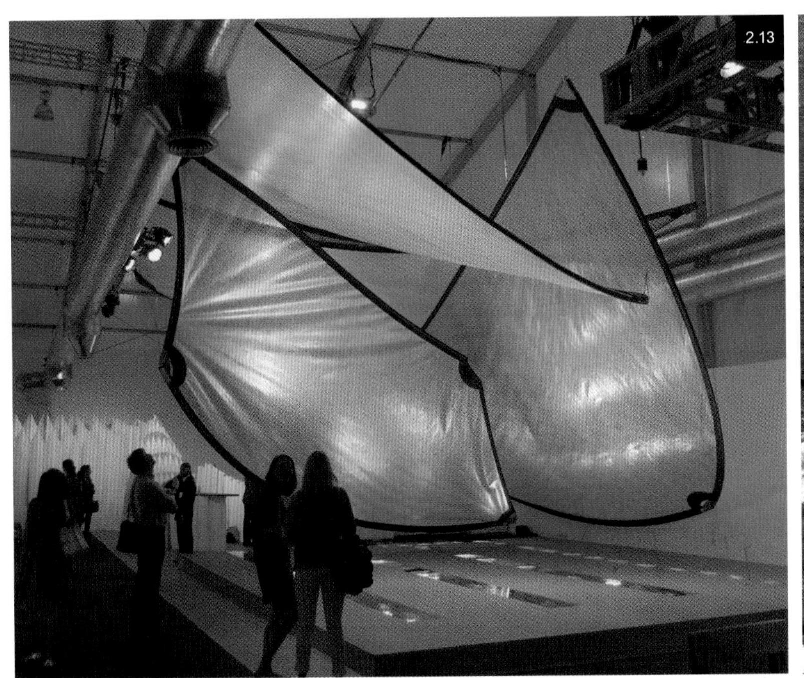
2.13

2.15

2. 安全和防护

耐磨性和防滑性也是新型智能纺织品追求的性能特征。将具有这些性能特征的面料用于制作防护服装，能加强穿着者的安全性，提高其生产能力；将这种面料用于运动服装，则能提高运动员的比赛能力。面料的耐磨性是实现保护穿着者的关键所在，这就意味着必须从强度、耐撕裂、防抽丝、耐摩擦、阻燃性能及对化学和辐射的承受力等方面来延长面料的寿命。现在，极端环境下对人体起到保护作用的纤维和纺织品已具备多种属性来应对这些恶劣的条件。从防弹衣到能阻断无线电波及电子侦察的纺织品，具有防护性能的纺织品在人们的日常生活中越来越普遍。

屏蔽

在一个充满无线通信和数据传输的世界里，具有屏蔽功能的纺织品会保护人们免受周围隐形无线电波的影响。虽然人们还不完全了解这些电波对人的影响，但防护是具有双重目的的，一方面保护人们的健康，另一方面保护人们免受被监视和跟踪。瑞士盾牌公司（Swiss Shield）生产的纱线可以织制免受电磁场影响的面料，可以屏蔽手机、基站、无线电话、无线网络、雷达、微波炉及电视广播等的辐射。这种面料广泛应用于服装、工业、军事及像窗帘和墙纸这样的家装用品中。

用极细的镀银铜丝与棉或涤纶纱线混纺织成的一种新型纺织面料，

图 2.14

美国甲骨文帆船队多次赢得了国家和国际帆船比赛，其使用的就是迪尼玛面料制作的船帆，这是杜邦公司生产的一种布料，质轻，极有韧性，高度耐磨且抗撕裂。

图 2.15

在主帆降落的过程中，迪尼玛面料特有的韧性得到了突出的展示。这个 72 英尺（1 英尺 =0.3048 米）长的竞赛帆船取得了比赛的胜利，遥遥领先 45 秒之多。

这种面料的优势在于可水洗且舒适、耐磨，它的外观和手感都和普通的面料没有区别。例如，Naturell™是一种半透明、原生态的棉质面料，可用于窗帘、华盖或服装的制作。还有透光面料（Daylite™），是一种高度透明的网眼面料，具有优良的透气性和透光性，同样可以用于帷幔和窗帘的制作。这种面料含有活性成分，由含有 7.5% 的铜和 0.5% 的银丝纱与涤纶纱一起纺成纱线，以提高面料的强度。还有防辐射面料（Wear™），它的构造不同于前者，是一种织制密实的棉质面料，薄如蝉翼，只有 0.02 毫米厚，它将银与有聚氨酯涂层的铜丝纺织成线。它比生态棉质面料更耐用，可用于床上用品、服装及手机外壳的制作。这些只是一部分具有特殊性能的纺织面料，用它们制作的服装或家居用品可以为使用者有效屏蔽无线电频率的干扰。

极端环境保护

有些特殊的纺织面料能够有效阻隔有害化学物质、辐射和热量对人体的伤害，可以被制作成适合各行各业的防护性服装。例如，超高分子聚乙烯纤维对一些化学物质具有高度的耐腐蚀性，且无臭、无味、无毒。这种材料具有极低的吸湿性和非常低的摩擦系数，还具有自润滑和抗磨损的性能。迪尼玛和光谱面料（Spectra®）就是具有这些性能的面料。这种利用吐丝器制成的面料，可以广泛用于制作防弹衣、防割手套、登山绳及登山设备，还有高性能的帆船游艇索具、降落伞和滑翔伞等。迪尼玛也用于制作击剑运动中耐穿刺的专业服装，十分适用于其他注重耐磨性的场合中。

还有凯芙拉芳纶是杜邦公司研发的一种合成芳纶，已经在防弹衣的制作中应用了几十年。最初研发它的目的是为了取代赛车轮胎里的钢丝，而现在它已广泛应用于服装、配件和各类设备中，它的优势在于质量轻、强度大且能抗切割、耐磨损。凯芙拉芳纶面料的不断创新和完善使得它现在广泛运用于人们日常用品的制作中，从 iPhone 手机外壳到工业应用，从急救人员的消防保护到军用防弹衣的制作。

火焰和高温防护

许多公司已经研发出了具有防火和耐高温性能的纤维。由荷兰阿克苏工业纤维公司（AKZO Industrial Fibers）研发的对位芳纶面料（Twaron®）可用作石棉的替代品。它广泛应用于许多工业领域，还有服装、防弹衣等物品的制作中。美国塞拉尼斯化学公司（Celanese）也开发出了许多具有先进技术的纺织面料。该公司的维克特拉面料（Vectran™）是用液晶聚合物（LCP）制成的人造纤维，而且结合使用聚酯作为纤维芯周围的

图 2.16

Naturell™ 是一种生态棉质面料，用于制作窗帘、华盖和服装，能屏蔽手机辐射、电视广播和雷达等。

图 2.17

杜邦公司的人体灼伤实验室模拟了火灾现场最坏的情况，将灼伤隔绝材料应用在诺梅克斯面料制成的绝缘消防服装上。具有这种特殊性能的服装也可以推广到空军飞行员和工人的专业服装的制作上。

图 2.18

欧盟资助的“航空袋”项目（Fly-Bag）将拉胀材料（auxetic）加入到制造客机行李舱的面料中。它能有效防止爆炸冲击波的传播，将冲击波控制在行李舱的范围内。

涂层。这种面料的用途就是成为了美国航空航天局专用的由 ILC 多弗公司（ILC Dover）设计的舱外航天服的制作面料。它能承受酷热（它的熔点是 630° F/330℃，但超过 430° F/220℃后，其强度就逐渐消退），而且还能抗紫外线。杜邦公司的诺梅克斯面料（Nomex®）也具有优良的防火、耐高温的性能，是制作消防员装备最常见的材料。

2013 年，瑞士舒乐纺织品公司推出了防火阻燃面料（pyroshell™），是具有永久性阻燃的保护性能的锦纶和涤纶面料，可运用于弹性面料。弹性和阻燃保护性能的结合，提高了在酷热环境下工作的急救人员和其他人员的动作灵活性和舒适度。

另外，舒乐纺织品公司还研发了一种三维涂层技术，制作出了一种耐磨耐热的陶瓷涂层面料（ceraspace™），它的表面使用了特殊的陶瓷颗粒固定在聚合物基体上，给硬质塑料增加了凸面，形成独一无二的构造。这些陶瓷颗粒几乎像钻石一样坚硬，并牢固地黏附于面料上，形成了面料的三维涂层。该涂层具有很高的耐高温性能，成为面料和热源间的保护性空间屏障。

硅是另一种常用于防火的纤维材料。当它被织入纱线里时，它类似于玻璃纤维。道康宁公司（Dow Corning）就是在这个基础上研发出了贝塔面料（Beta）。这种面料不易燃烧，只会在温度超过 1200° F/650℃时才熔化。贝塔面料是载人航天飞船中心团队在阿波罗 / 太空实验室研制 A7L 舱外航天服时研发出来的。1967 年，阿波罗一号太空飞船发射台发生了一场非常大的火灾，当时，那场大火把宇航员的锦纶航天服烧毁了，之后贝塔面料才被美国宇航局用于太空服的制作。虽然这种技术并不先进，但是在纳米涂层和浸渍技术中，硅的使用仍然是可取的。

耐磨、防割和防穿刺

许多新型面料不仅可以抵挡高温，还具有耐磨、防割、防穿刺等特点，在军事、执法和工业领域中都有极其重要的作用。高维材料有限公司（Higher Dimension Materials，Inc.）生产的超级纤维（SuperFabric®）面料就具有上述特点。作为一种技术纺织品，它的制作先是混合了锦纶、涤纶、橡胶和绉纱这样的基料，然后在一个特定的模式中用极小的、坚固的防护层覆盖它。防护层的参数、厚度和大小以及它的基础面料都是根据用途而变化的。定向的、可选择的性能包括阻燃和摩擦力性能。它广泛应用于技术户外服装、工业安全与保

2.18

图 2.19

1967 年，阿波罗一号太空飞船发射台的那场大火后，美国宇航局将具有防火性能的硅纤维用于太空服的制作中。现在，美国宇航局已经研发出一种聚合物增强气凝胶，比目前的硅基气凝胶隔热性能更强、更灵活，期望可用于未来的太空服制作中。

图 2.20

仿生学以自然为基础，对材料、结构和系统进行设计。在美国海军研究所工作的安东尼 · 布伦南博士（Dr. Anthony Brennan）发现鲨鱼皮对细菌的生长极其不利。

图 2.21

安东尼 · 布伦南博士发现，鲨鱼皮肤上的棘刺和一些极小的沟槽分布在不同的有棱的花纹里，以阻止微生物沉淀，因为在不太光滑的表面上生长细菌需要耗费过多的能量。利用这些信息，他研发出了一种表面具有相似花纹的面料，这种面料已经被证明，在不使用抗生素的情况下，可以预防细菌。

图 2.22

仿鲨鱼皮技术（Sharklet）是世界上第一个只通过物理模式便能抑制细菌的技术。受鲨鱼皮纹理的启发，一种微小的有棱的花纹被研发出来，它类似于鲨鱼皮自然的花纹，能抑制细菌的生长。

护、摩托车服装及配饰、重型防护潜水服、军事、执法等专业服装装备的制作。

拉胀面料（Auxetix）是一种具有阻燃性能的记忆针织面料，当它延伸时，面料增厚，能够积极地抵抗外力，并能根据记忆恢复原来的状态。这种面料能够抵抗飓风，可用于制作军事和执法保护服装，也可用于建筑行业的防护以及极限运动中的冲击保护。

阿拉康（Aracon®）是一种有着金属包层的芳纶。最初由杜邦公司开发，现在归微轴公司（Micro-Coax）所有。它将具有导电性能的金属涂层与具有高强度、质轻、灵活性特点的芳纶相结合。这种结合了镍、铜、银涂层的面料具有更多功能，已经广泛应用于航空航天、商业和军用飞机、通信、电子和导电纺织品的制作。

还有，舒乐纺织品公司开发了一系列具有防护性能的纺织面料，包括防护功能面料（keprotec®）和反射性能面料（reflex™）。防护功能面料是一种基础性面料，最初是为摩托车比赛而设计的，现在用于摩托车服、工作服、极限运动服、手套和鞋子等的制作。它具有耐磨、耐摔、抗撕裂、耐高温的性能，并具有高度的舒适性。它是考杜拉面料（Cordura®）和凯芙拉芳纶的混合，并结合不同的涂料和涂层，这种面料的设计可承受高冲击运动可能给人带来的冲击，使人避免受到伤害。

反射性

舒乐纺织品公司生产的反射性能面料运用了复杂的织造技术，并使用了特殊的反光丝，在能见度低的情况下为人体提供保护。这种纱线也可以与其他面料的特殊性能相结合以获得额外的优势，如：EN-471 面料，就是集黄色（警戒色）、阻燃性、防水性以及活性银成分于一身的一种面料。这种面料的纱线在直射光线下，能被看到有无数极小的玻璃珠出现，形成绚烂的反射，即使是 100 米外的纱线也清晰可见。这种纱线可以被涂覆或黏合，既可用于弹性面料，也可用于非弹性面料，还能用于透气网眼构造的面料上。

还有，明尼苏达矿务及制造业公司（3M，Minnesota Mining and Manufacturing Corporation）生产的高反光材料（Scotchlite™），已经在纺织业中被用作贴花薄膜或具有相似作用的面料。

3. 纳米技术

除臭、抗菌

纳米技术是在原子和分子层面对物质进行处理的技术。这种技术在纺织品领域中最常见的应用形式是化学饰面和涂层。无论是纱线还是面料，都可以通过融入纳米颗粒的办法，对它们进行化学处理。这种处理使先进的水分控制和超疏水性能的面料具有药理或芳香治疗的性能或成为抗衰老的护肤用品。

银是一种具有强大抗菌性能的物质，它能够创建一个银离子屏障来抑制细菌和真菌的生长。银离子纤维（X-Static®）就镀有一层纯银，被临床证明可以减少面料表面 99.9% 的细菌生长，包括像 MRSA（耐甲氧西林金黄色葡萄球菌）和 VRE（抗万古霉素肠球菌）这样的多重耐药的菌株。还有，出自舒乐纺织品公司的活性银技术（ActiveSilver™）也是一种纺织面料的表面整理技术，可以抑制细菌、螨虫等。经过处理的面料表面（它将银盐永久地固定在面料的纤维和纱线中）可以抑制菌类的繁殖，以此达到减轻体味的作用。其他公司也研发出了具有抗菌、除臭功能的面料，包括纳米技术中和面料（Nanotex Neutralizer），赛森特公司（Sciessent）的银离子活性面料（Agion Active™）等。

“体味锁定”（ScentLok）是一款经过专门设计的户外猎装，其设计宗旨是掩盖所有人体的气味，这样猎物就无法发现狩猎者的踪迹。它采用了多种不同的技术，以不同的方式来抑制人体的体味。这款服装的每个纤维中都融入了碳合金，这样就将活性炭、沸石和经过处理的碳结合在了一起。活性炭被证明能吸收 99% 的人体气味，其他的合金吸收剩余的 1%。细菌是所有气味产生的原因，这种面料运用了三种不同的消灭细菌的方法：首先，面料表层的银线屏障起了杀菌剂的作用，当细菌碰到这种表面，就会被杀死；其次，细菌会随着人体蒸发水蒸气的过程消失；最后，这种面料通过特殊的纹理发挥气味捕捉的功能，其纹理就像聚合物上小的树枝状的手臂，和蒲公英的种子类似，能够控制气味分子，一旦被面料纹理表面吸附，细菌就会被“捉住”直到面料被清洗干净。

去污性

过去的五年里，位于美国马萨诸塞州的纳提克陆军士兵研究、发展与工程中心一直在研发一种新式免洗军装，目前已经到了最后的测试阶段。制作这种军装的面料采用了全方位防护涂层，可以抵抗所有含有水或油的物质，并且其表面还添加了抗菌功能以减少人体气味。不久，这种面料将被广泛用于军装的制作，包括预备役军人和国民警卫队的服装。现在，在美国军队服役的士兵超过一百万人，如果每个士兵发放五套这种面料制作的军装，就能大量减少衣物的清洗工作。

同样，在澳大利亚迪肯大学的未来纤维研究和创新中心（Future Fibres Research and Innovation Centre），林同（Tong Lin）及其同事正在研究一种抗污技术，一种新的多层硅纳米涂层，它将在防污、防脏、防水方面发挥积极的作用。这种涂层主要通过将带有正负电荷的硅纳米颗粒涂在棉质面料的表面而起作用，这些硅纳米颗粒在紫外线的照射下能够保持稳定。这种方

2.20

2.21

2.22

法基本上对所有的有机基材都具有防水的效果，因此可用于羊毛纤维、椰子纤维或亚麻纤维中。测试表明，该涂层能够耐受酸、碱、肥皂和溶剂的侵蚀，并能承受50次的机洗破坏。

澳大利亚维多利亚州莫那什大学的另一组研究人员正在用纳米颗粒给天然纤维面料做涂层，当这种面料暴露在太阳光下时，就能自动去除污垢。纳米材料研究者瓦利德·达乌德（Walid Daoud）将钛白粉基纳米颗粒涂在真丝、羊毛和麻纤维上进行试验。当暴露在紫外线下或浸入水中时，钛白粉就会形成氧化基，这在保持自然纤维完整性的同时也损坏了有机物质。这项研究会使具有自洁功能的纺织面料在不久的未来诞生。

形状记忆面料：人造肌肉

石墨烯是纳米级纤维面料的一个例子，它是由纯粹的单层碳元素制作而成。这种材料的韧性是钢材的200倍，比钻石更坚硬，无比轻巧、灵活，导电、导热性能优良，而且它只有一个原子那么厚。现在对这种优质材料的研究才刚刚开始。有人认为，石墨烯产品将提高互联网的速度，提高微芯片的运作效率，因为它的电子的移动速度比硅快200倍。而且，它也适用于敏感涂层并能够与其他纤维结合形成更具优势和柔韧性的特殊面料。石墨烯高度的柔韧性使得它非常适合用于纺织品。现在纺织品中广泛使用的碳纤维质轻、韧性好且具有很好的耐磨性，但是却极易破碎。然而，当碳纤维与石墨烯结合时，就会具有更好的柔韧性。

材料科学家们也在不断地探索石墨烯纳米管。这是一种空心的石墨烯单层结构，管的直径只有一个原子大小。这些纳米管纤维能够制成“人造肌肉纤维”，在热量和汗水的刺激下做出起皱和松弛的反应。

图2.23
这款围巾采用了具有形状记忆功能的镍钛合金，能根据天气、气温的变化作出膨胀或收缩的反应。

图2.24
石墨烯是碳的一种形式，它只有一个原子那么厚。该材料的计算机视图显示了其晶格状的分子结构。石墨烯的优点包括高导电性、太阳能充电功能，并且几乎坚不可摧。

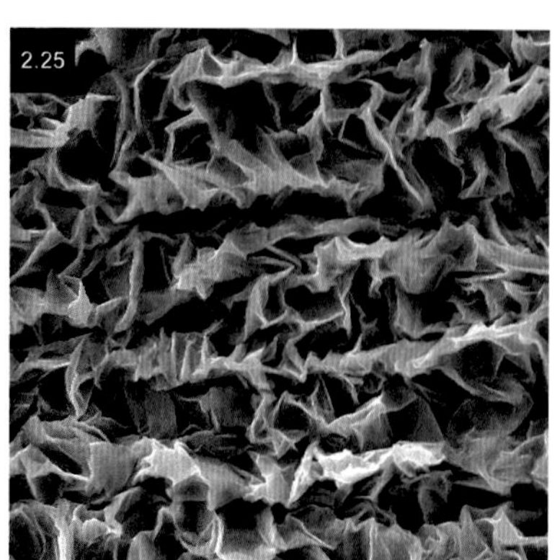

图2.25
纳米级纤维石墨烯韧性比钢强100倍，但和其他碳纤维相比，它更轻巧，有韧性。它将有可能用于未来的智能手机制作，尤其是iPhone产品。

图2.26
这款帽子采用的奥瑞卡面料（Oricalco），就是用石墨烯纳米管制造出的“混合纱线人造肌肉”。这些所谓的“肌肉”受到电脉冲刺激时就会收缩或松弛，这种反应类似于生物肌肉受到神经系统的刺激而做出的反应。

目前，科学家们正使用这些纤维不断实验，希望制造出“混合纱线的人造肌肉”，它就像人类的肌肉一样，对来自神经系统的刺激做出收缩和松弛的反应。由这些具有“形状记忆”功能的材料制成的纺织面料是自驱动型的智能面料，现在正开始用于艺术和时尚领域。

还有，镍钛合金或镍钛材料是能够改变形状的另一个例子，它是具有形状记忆功能的合金材料。这些材料具有非凡的性能，诸如形状记忆、超级弹性和高阻尼性，而且这些属性可以通过改变合金的构造、加工工艺和热量控制进一步得以改进。当被加热或冷却时，具有形状记忆功能的镍钛合金在其晶体结构中发生相变。其奥氏体的高温状态会使材料变得更加坚固，而其马氏体的低温状态则使材料极富弹性。

当这些合金处于马氏体状态时，容易发生变形，能被改造成新的形状或形式。但该材料一旦暴露在高温下，其变化阈值就会使它恢复到原来的状态，恢复为以前的形状和韧性。材料科学家们目前已经能够把这个转化窗口单独隔离开，并根据最终用途，将其定制在从几摄氏度到100℃的范围内。目前，镍钛合金已被广泛应用于床单、导线、绸带、箔片、管形材料当中，并且被纺入纱线中，广泛用于纺织面料和医疗设备当中。

超级疏水性

具有超级疏水性的纺织面料不仅具有简单的防水性能，还能彻底防水、防重油。具有这种功能的涂层使液体不能长时间停留在面料的表面——液体只能滚过表面，不会留下任何痕迹。目前，研究人员已经研发出了许多新颖的具有超级疏水性能的面料涂层，它们可能给工业和纺织业带来巨大影响。其中，罗斯科技公司（Ross Technology Corporation）开发的永久防水技术（NeverWet™）是一种纳米涂层技术，它通过喷雾形式用于硬质和软质的表面，或是用于纺织面料、皮革或其他成品的处理过程中。NeverWet™涂层不仅防水，还能防腐蚀、防冻，具有自洁功能。它已开始应用于服装、鞋类、体育、航空、公用事业、汽车、船舶、建筑、通信、电子和医疗等行业中。

再如，麻省理工学院（MIT）的一个研究小组从自然中获取灵感，创造出了具有超级疏水性能的纳米涂层，这种涂层表面上的硅有许多极细小的凸脊，这样就可将落到面料表面的水滴弹走。而大多数超疏水性能都是通过只允许极小的一部分水接触面料或材料的表面来获得。这样的表面处理工艺有着不一样的效果。研究人员通过研究某些蝴蝶翅膀和树叶表面的图案，发现这些物质表面的疏水性能是通过减少水分和表面的接触时间来发挥作用的。这些物质表面都有类似“凸脊”的构造，当水滴落到这些细小凸脊上时，水滴就会朝向不同的方向对称分流。实验表明，这种涂层在普通的金属、纺织面料及聚合物上的效

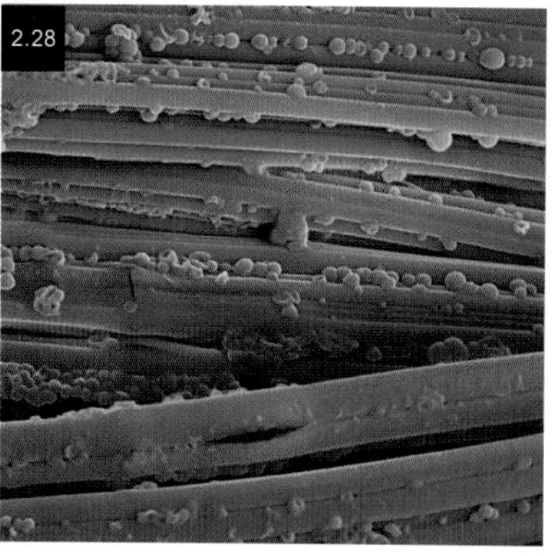

图 2.27

超疏水性纳米涂层可以防潮、防腐蚀和防冻。

图 2.28

黄金纤维采用黄金纳米颗粒使奢华的皮衣具有无与伦比的护肤保养功效。尼斯达公司（Nylstar）打算将这种面料用于专业运动服装的制作上，以打造高端品牌。

果都非常理想，比其他具有疏水性能的涂层效果增强了40%。可以想象，这样的材料可以应用于屋顶瓦片、瓷砖上釉和服装面料的制作上，还可用于导线的涂层和喷气式发动机、飞机机翼上以达到防冻、防腐蚀的目的。

另外，值得一提的是，中国东北师范大学的研究人员一直致力于开发同时具有抗紫外线和超疏水性能的面料。他们用氧化锌纳米棒和氧化锌微晶给棉质面料涂层，使普通棉质面料的抗紫外线系数超过100。带有这种涂层的面料因其氧化锌的表面有硅涂层而同时具有了超疏水性能，而两者的结合又增强了它的特性。在明尼苏达大学，另一组化学研究团队研发了一种纳米技术，使用碳纳米管和聚四氟乙烯为纺织面料制作了防烫涂层。这种混合物在75℃（167°F）的条件下，对热水、牛奶和茶都有优良的防烫作用。

护肤面料

使用纳米技术将护肤性能融入纺织面料有可能创造一个极大的商业市场。随着人口老龄化的发展，那些对心理健康和体质健全有积极作用的纺织品将会越来越受到人们的欢迎，这些纺织品能够提供身体所需的水分，能进行香薰理疗且具有抗衰老等多种功能。许多欧洲的纺织品公司已经开始开发具有这些特殊功能的纺织品，而且有许多这样的产品已经上市，如瑜伽服、塑身衣、女士内衣和床上用品等。

2010年首次亮相的黄金纤维（Nylgold）是一种具有抗衰老性能的纤维。它是黄金和透明质酸纳米颗粒的结合，通过纺织过程，将这种物质附着在锦纶6.6纱线上。透明质酸是一种自然存在于皮肤上的粘多糖，它帮助皮肤保持水分，产生胶原蛋白，在保持皮肤健康和抗衰老方面起着重要作用。

法国欧瑞克丽纺织品公司（Euracli）专门从事芳香纺织品的研发和生产，它利用纳米技术为客户定制具有特殊香味的纺织品。它将客户的自制香水或是从他们的香料库中挑选的香水，通过微胶囊技术添加到纺织面料的底层以增加香味，而不改变面料的颜色和纹理。

欧瑞克丽公司也研发了具有护肤功效的纺织面料（EuraTex®）。它能够进行包括瘦身、保湿、提神及紧肤的辅助治疗。

还有氧化铜纱线，它采用特殊的专利工艺将二氧化铜融入纱线中，使这种纱线具有抗衰老和气味控制的功效。它不仅用于健康保健领域，还用于军事和医疗领域。科学实验已经证明它能够有效帮助皮肤保持健康，加快伤口的愈合，并用于紧身衣、适合糖尿病患者等的特殊袜子、抗真菌袜子及伤口护理产品，如医用纱布、敷料、绷带和缝线等的制作。

4. 电子面料

导电性

正如第一章中所提到的，在各种各样的智能纺织品中，电子面料占据一席之地。这些面料可以导电，意味着它们可以用来存储数据、采集能量，甚至能产生并储存能量。这种电子面料可被广泛运用于纺织服装的各个领域。像不锈钢、碳和硅这样的导电材料，可以和玻璃、陶瓷及其他纤维结合，形成新型的纺织面料，为纺织面料创造出新的材料系统。

采用较为简单的办法使纺织面料具有导电性，可以将金属纤维纺入纱线中。这些具有导电性能的纱线可以直接织入非导电性的面料中，取代较硬的导线连接电子元件。由这些纱线织成的面料可以直接接触皮肤，直接从穿戴者身上的电脉冲中获得信息，并能够将获得的信息传送到嵌入式传感器上，而不再需要导线的连接。一个典型的例子就是安装在运动紧身背心上或运动文胸上的心率监测器。

当然，纺织面料的构造不同，可以获得的导电效果也会不同。例如，压敏转换面料是在两层导电面

图 2.29

这件毛衣与穿戴者皮肤的紧密接触，使导电的不锈钢纱线从穿戴者身上不断搜集信息，然后将数据传送给嵌入在面料中的传感器。

2.30

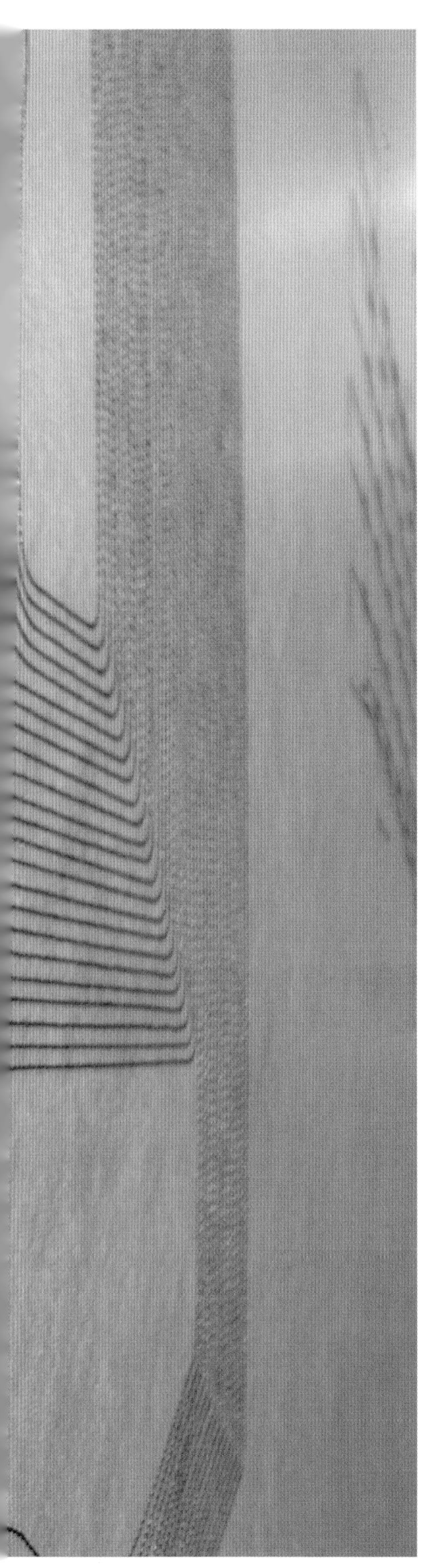

图 2.30

具有导电功能的电子面料可以具备存储数据、采集能量、生成并存储能量的性能，被广泛运用在可穿戴技术中。

图 2.31

福斯特·罗纳公司（Forster Rohner）的刺绣机将金属纤维加工成能在面料表面进行刺绣和缝纫的纱线，从而创造出定制的电子面料。

图 2.32

这是一种运用在医疗领域中的镀银面料，能够朝两个方向拉伸，可以用来制作有弹性的帽子、袜子和手套等。它具有优良的电极接触面，而且是具有抗菌功能的伤口敷料。其导电性能的强弱取决于材料拉伸的方向，朝一个方向拉伸，导电性能增强；朝另一个方向拉伸，导电性能减弱。

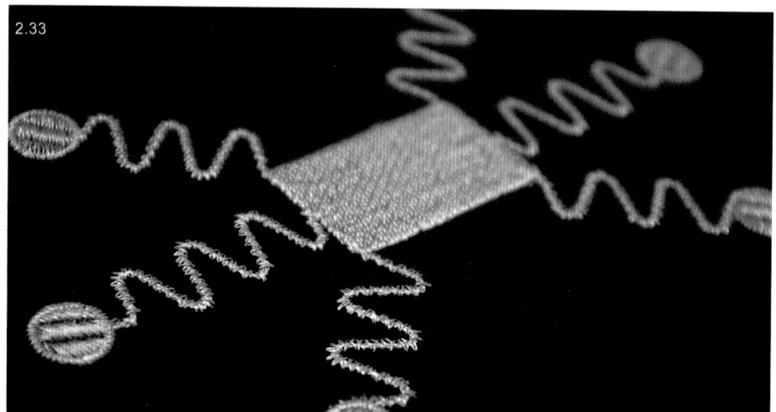

图 2.33

福斯特·罗纳公司拥有一项获得专利的电子刺绣技术，该技术使纺织面料具有主动照明功能，且不影响面料本身的特性和功能。图中展示的是用导电纱线将传感器绣到面料表面的过程。

图 2.34

这是一款电子面料，它既耐用又可清洗，最重要的是具有导电性能。

图 2.35

这款电子面料上的可穿戴式传感器能让看护人员只需借助专业服装就能监控患者的行为。

图 2.36

这种 3D 玻璃纤维通过夹层结构里的垂直桩将两个甲板层黏合在一起。用这种材料织成的布料，质轻，灵活有韧性，可广泛用于复合材料的制作中。

图 2.37

这种面料一面是不锈钢，另一面是聚酯纤维，有着非常好的透明效果，可用于窗帘、店铺装饰及时尚领域等。

图 2.38

这是由东京大学研究人员研发的可拉伸橡胶材料，可用于弹性电路，一般材料只能采用刚性电路。

料的中间夹入一层非导电材料制成的。当面料的两个外侧面接触时，电路闭合，面料就具有了导电性。还有，一面是不锈钢丝、另一面是涤纶的双层面料，它是一种半透明的导电面料且手感柔滑，很适合做窗帘。另外，用导电聚合物给纱线涂层也能实现导电性能。这种方式特别适合弹性面料，当面料朝一个方向拉伸时，其导电性能就会增强；而朝另一个方向拉伸时，导电性能就会减弱。这些用金属纱线制成的面料还具有抑菌的附加作用，可用于伤口敷料和其他生物医学领域。

随着更灵活、更舒适的电子产品需求的增长，新的导电材料正在不断被应用到纺织品领域中。东京大学的研究人员已研发出了一种可伸缩的、具有很高导电性的橡胶材料，可用于建立弹性电路。这种导线是由碳纳米管复合材料制作而成，可拉伸至其原始尺寸的 1.7 倍，而其性能不受任何影响。研究人员预测，在未来的运动服装领域中，它可以用来监控运动员的运动能力和身体机能，甚至有可能用于机器人领域中，柔软、可伸缩的多传感器电路层将为机器人复制“皮肤”，让它们可以拥有一个更逼真的外观和触觉感知能力。

能量收集、能量生成及储存

使用纺织面料从周围环境和我们自己的身体收集、生成并储存能量的想法极具吸引力，一些来自世界各地的研究团队正在不断研究、开发这一领域的新产品。其中之一就是北卡罗来纳州维克森林大学的研究项目 Power Felt，它可以利用人体体温的变化释放出来的能量，为小型电子设备充电。研究人员将碳纳米管封装在软质塑料中，再与毛毡编织在一起。当温度发生变化时，人体所释放的能量会被转化成足够大的电荷，可以给手机、小型的医疗设备或可穿戴式传感器充电。

能量储存是这一领域研究的关键所在。许多研究团队正专注于开发电池纺织品。众所周知，可穿戴技术依赖于稳定可靠的电源供应，当今大多数可穿戴式电子产品都要依赖于可充电的锂电池。显然，电源技术的发展跟不上电子产品的发展，用户在充电时不得不从身上取下电子设备插入电源。为了解决这一问题，韩国高等科学技术研究院（the Korean Advanced Institute of Science and Technology）的一组研究人员正在研发一种锂电池纺织面料。他们已经研发出了一种电池纤维，用有镍涂层的涤纶纱线作为集

2.36

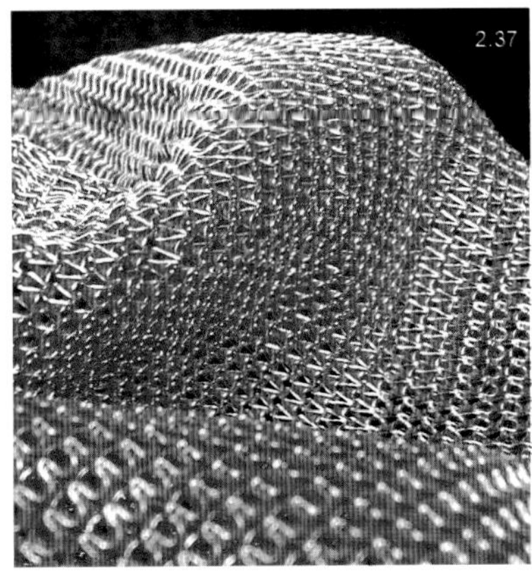

2.37

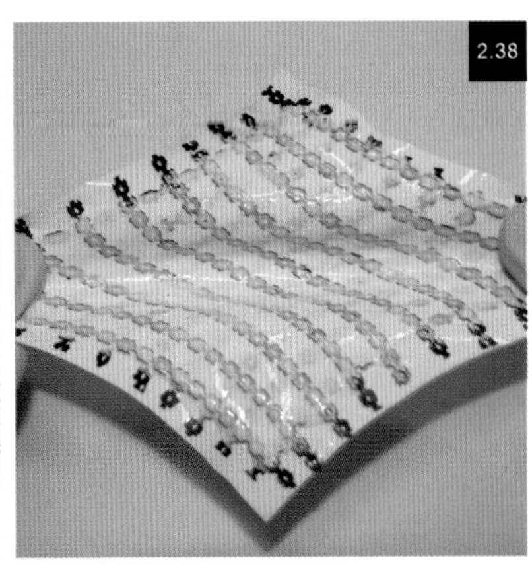

2.38

2.39

2.40

2.41

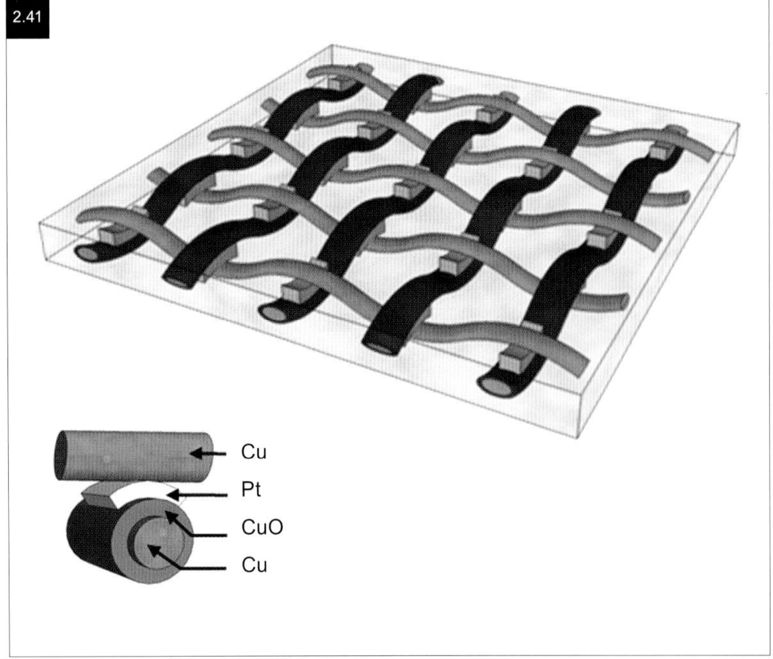

图 2.39

宝琳·凡·东恩（Pauline van Dongen）设计的一款太阳能外套。这款外套及其他配件，如手袋和鞋子，都能从太阳、人体热量或运动中收集并使用能量。

图 2.40

太阳能电池弹性面料的好处之一是能给予设计师创作的自由空间，使设计不局限于平面。设计师们可不受限制地选择作品要使用的材料，同时保持电子面料的导电性能。

图 2.41

美国航空航天局的纳米技术专家已经研发出了一种能储存数据的纺织面料，类似于一个装在弹性面料结构里的记忆棒。该设计仍处于试验阶段，能将 1000 兆数据存储 115 天。图中展示的是每个数据储存块是如何被嵌套在面料上的。这个想法在理论上能够让任何类型的互动工具，甚至家具，对其用户作出回应，并形成记忆，就像计算机一样。

图 2.42

福斯特 · 罗纳公司的电子刺绣面料已经有了许多应用，包括为安全或室内设计的可照明纺织品，能够突出活动和展示的舞台服装或闪闪发光的晚礼服。

图 2.43

网眼纺织品，图中的黑色蕾丝嵌入了导电丝和 LED 灯，将传统的蕾丝面料发展到一个新的高度。

图 2.44

图中展示的是 LED 组件与普通纺织面料的完美结合。面料的发光效果是通过将电子器件加入传统的刺绣蕾丝中实现的。

流器，用有黏合作用的聚氨酯将材料聚为一体，由此产生的面料可以利用太阳能充电，并能承受反复的折叠和拉伸。尽管它现在仍处于研发阶段，但很快就能作为手腕佩戴装置大规模生产。

还有一家日本公司也在研发一种能够收集太阳能的纺织品。司福乐能量公司（Sphelar）也已经开发出了一种用直径只有 1~2 毫米的微球型太阳能电池制成的纺织品雏形。不同于传统的平板太阳能电池，这种微球型太阳能电池能捕获来自四面八方的太阳光束，减少了入射光角度的限制，使采集的能量最大化。将这种太阳能电池与弹性面料结合，会使各种面料表面都可以采集太阳能，包括有机形状、可穿戴状态和运动状态。

记忆能力是能量的另一种形式。两名来自加利福尼亚州艾姆斯研究中心（the Ames Research Center）的美国航空航天局的纳米技术专家已经研发出了一种具有计算机存储记忆的电子面料。该面料的结构是一种编织的铜线网格，上层是普通纱线，下层是有氧化铜涂层的纱线。在每个交叉点，层与层之间都插入一小片铂金。记忆通过电阻转化的过程被存储在氧化铜涂层中。最早的这种面料能保持 115 天的记忆，在 1 平方厘米的面积上可容纳超过十亿字节的信息。

照明

数百年来，艺术家和观众都着迷于对色彩和光线的操控。能捕捉光线、变换颜色的纺织面料占据着人们的想象力，让人们感到既惊奇又神秘。加入纺织面料中的发光油墨、LED 灯和光纤都使得纺织面料可以进行光与色的变换。

现在，照明系统已经开始直接融入纺织面料。许多艺术家和设计师通过导电纱线将 LED 组件嵌入面料中，或者将组件直接织进面料，或者通过使用导电油墨把组件连接为电路进行创作。LED 组件变得越来越小巧灵活，便于使用，这些组件往往有两个小孔，这样可以将导电的细线直接穿过组件，从而将这些组件织制和缝制成纺织面料。目前的最新技术就是这种具有集成主动照明的纺织面料。

还有许多公司正在以不同的方式将 LED 和 OLED 灯直接与纺织面料结合。例如，采用刺绣工艺来

2.42

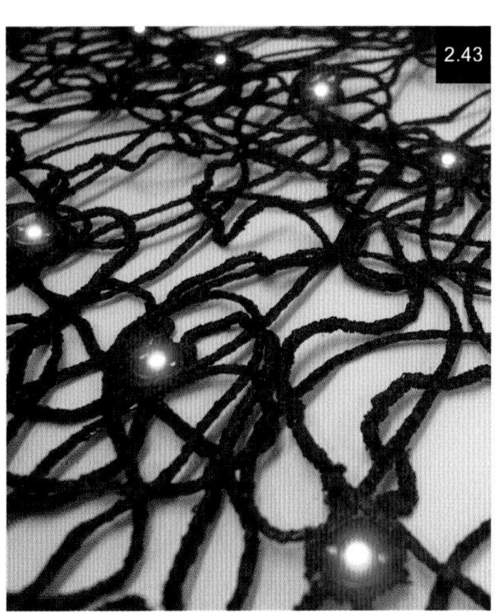
2.43

2.44

图 2.45

设计师赞恩 · 伯兹那（Zane Berzina）研发出了一款名为“静电动影”（E-Static Shadows）的新型纺织面料，这是一种能对静电能量做出反应的电子纺织品薄膜。最后的成品是由成百上千个手工焊接的LED 灯、晶体管和编织的电子电路制作而成。

图 2.46

图中展示的面料上的电路是将导电丝放在工业大提花织机上编织到面料上的，电器元件是通过手工焊接完成的。当这层薄膜侦测到静态电荷时，表面就不会发出柔光。

图 2.47

柔光灯的安装记录了电子纺织品负载的电荷的数量和强度，并将其转化为织物表面上一系列的瞬时视听模式。该项目把人体自身当作一个能量发电机来研究，对这个星球的能量资源重新进行思考。

图 2.48

这款膨体电子面料的安装历时三年才完成，当侦测到静电场时，它能创造出“瞬间阴影”的效果。观众能与之互动，当皮肤或物体的静电电荷与面料相遇时，面料就会通过视觉和听觉的途径做出反应。

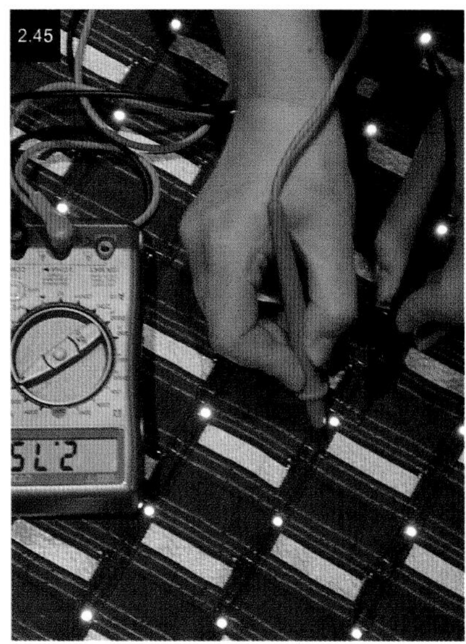
2.45

2.46

2.47

2.48

实现灯光效果，这需要在刺绣过程中将LED组件连接到主体面料的表面，作为装饰图案的一部分，看上去与传统的刺绣蕾丝没什么两样。这些新颖的电子蕾丝面料采用了许多不同的方式制成，包括刺绣、针织、粘贴等。LED组件通过导电纱线应用于装饰性刺绣中。瑞士福斯特·罗纳公司已经开发出了一种获得专利权的电子刺绣技术，生产可直接在织造过程中刺绣的蕾丝面料。

光纤是非常纤细、柔韧、能传送光线的玻璃或塑料。采用光纤制成的面料能够发送比自身长度更长的单个LED光线，能将明亮光线的一个单点传送给灯的照明路径而形成一个整体的亮面。

发光面料通过增减自身的亮度来回应周围环境的变化，形成在黑暗中发光的效果。受光合作用的启发，这种面料白天吸收太阳能，并储存为电力，晚上则以发光的形式将能量释放出来。这些面料非常轻盈耐用，并让它们在安全及设计领域中得到了广泛的应用。

变色

在智能纺织品的研发过程中，变色油墨一直处于研发试验的前沿。马吉·奥思（Maggie Orth，参见第134页）在其早期标志性作品中，就将热致变色油墨用于壁挂设计中。时至今日，艺术家和设计师仍在继续探索发光、变色油墨的用武之地。

热致变色油墨随着温度的变化而变色。这可以通过引入一个低压电流来实现，因此改变电流也可以改变颜色。

研究人员也从海洋生物中得到

图 2.49

由英国环路设计公司（Loop.pH）创作的名为“数字黎明”的百叶窗（Digital Dawn），具有对周围环境做出回应的能力。它利用发光油墨对光合作用的过程进行模拟。当环境慢慢变暗时，一种自然植物图案就会获得光亮并“生长”。

图 2.50

这件作品探索了在一个特定空间里光照水平的改变是如何影响居民的生理健康的。“数字黎明”百叶窗利用太阳的天然能量储存电力，晚上可以使百叶窗发光。该项目探索了智能纺织品跨越实体空间和虚拟空间界限的可能性。

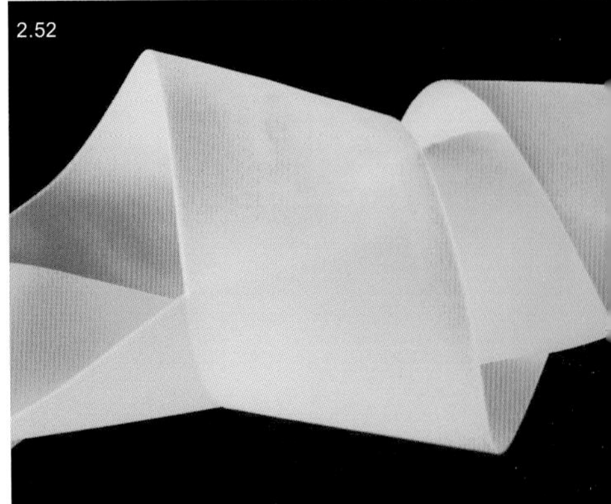

图 2.51

图中的枕头是琳达 · 沃尔宾（Linda Worbin）设计的一件作品，当时她还是瑞典纺织大学（Swedish School of Textiles）面料与交互设计专业的一名博士研究生。这款电子纺织品可用于痴呆症患者的替代援助。利用“触感对话”，看护人员就能通过物质的振动与患者互动，这将使传统方法不可能实现的交流成为可能。

图 2.52

从明亮的太阳光中吸收自然能量，这种光致发光带可发出可见光，在黑暗中起到照明的效果。只需在太阳光下暴露 5~30 分钟，这种材料就能发光超过 8 小时。

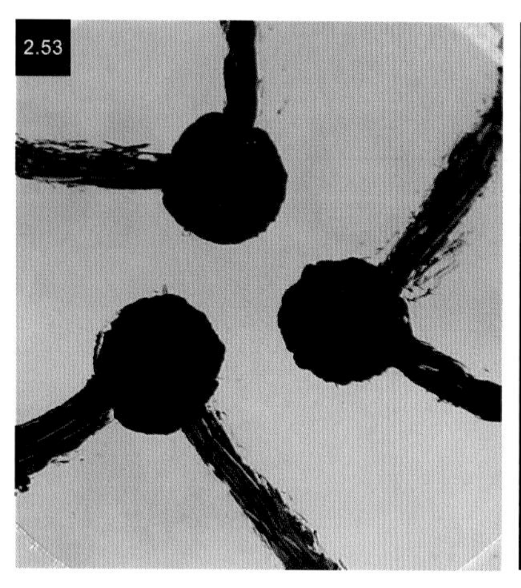

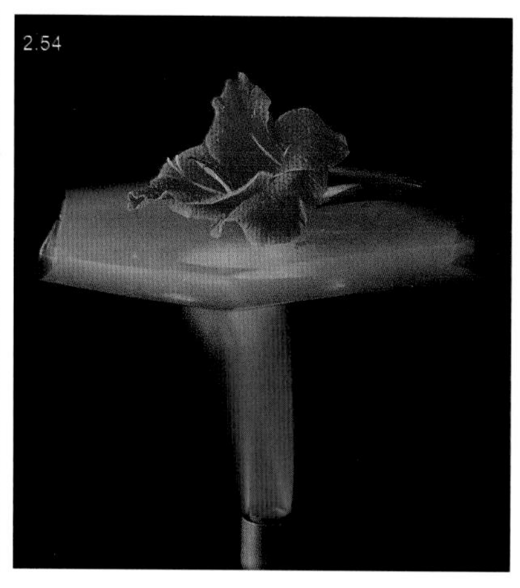

了研发的灵感，如斑马鱼和墨鱼，这些海洋生物能根据环境的变化而改变自己表皮的颜色。英国布里斯托大学（University of Bristol）的一个研究小组通过一个机械过程对这些生物的生理反应进行了模拟，他们希望把人造肌肉运用到智能纺织品当中。这两种动物改变颜色的方式略有不同。墨鱼具有色素细胞，这些细胞会根据指令迅速伸展和收缩，变得非常大或非常小；而斑马鱼在其半透明的表皮下有一个容器能喷出液体染料，根据需求改变颜色和图案。

通过采用人造肌肉纤维或电介质这种柔软、有弹性、有活性电的聚合物，研究人员已经模拟了这两个不同的变色系统。当电流被用于电介质聚合物时，它就会扩展，颜色也会逐渐显现；切断电流时，颜色则会减弱。研究人员希望这个技术最终可以用于纺织品中，使这些纺织品能够适应周围的环境。

5. 非织造布材料

除了传统的纺织面料外，还有许多非织造智能面料，它们被广泛应用于女装和需要对身体进行保护的一些体育运动项目中，如接触性和非接触性的体育运动。这些材料的发展紧随着泡沫、薄膜及复合材料的发展。设计师和艺术家的实验不断创造出一些最前沿的产品，展现了这类材料的动态发展。为了使这些材料能够用来制造服装和其他可穿戴设备，一些专业的制造技术，包括缝焊接、激光切割和三维打印技术已经逐渐形成且日趋完善。

绝缘材料

意大利GZE公司（Grado Zero Espace）一直与欧洲航天局（European Space Agency，ESA）合作研发“安全调温技术”（Safe & Cool）项目。他们在研究改善面料的冷热特性时，研制出了气凝胶，这是一种用纳米凝胶制成的液态材料。气凝胶几乎没有重量，却能承受极端的温度变化，因此，最初被应用于太空飞行中的绝缘设备。后来，研究人员将气凝胶运用于其他服装产品中，如“寇塔零度”夹克和“绝对零度”夹克（Quota Zero jacket and Absolute Zero jacket），它们都能承受低至-50℃的温度。

在与雨果波士（Hugo Boss）及迈凯伦（McLaren）两家公司的进

图 2.53

生物模拟是对自然界物质、构造及系统的模拟设计。为了深刻理解并再现色彩变化的行为，英国布里斯托大学的研究人员正在观察像斑马鱼和墨鱼这样的生物。它们能改变或调节自身颜色的明暗变化。图中展示的是在实验室里研究人员再现了黑色素的转换模式，以此来模仿动物通过肌肉收缩改变颜色的能力。科学家们利用电流来模拟生物的肌肉收缩。

图 2.54 & 图 2.55

气凝胶是一种人工合成的超轻、隔热材料。它是世界上最轻的固体、最有效的绝缘材料，有时也被称为“冷冻烟雾”。它的绝缘温度低至-200℃，在3000℃时才会融化。最纯粹形态的气凝胶甚至可以漂浮在空气中。随着气凝胶设计体系的发展，一种特殊的隔热垫诞生了，意大利的GZE公司已经在生产的服装中采用了气凝胶技术。

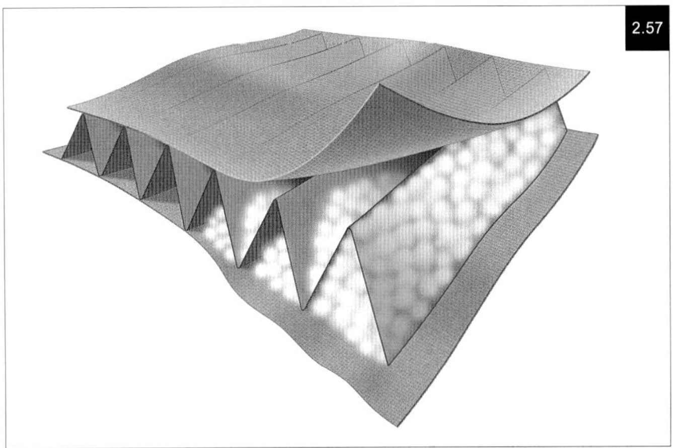

图 2.56

热绝缘球材料是由微小的聚酯纤维绒球组成。

图 2.57

北面服装公司的设计师设计了一种隔板系统，它将热绝缘球材料夹在夹克的外层和衬里之间。

图 2.58

运用了热绝缘球材料的夹克不仅轻巧，而且无比保暖，热绝缘球材料的绝缘性能优于传统的羽绒，即便是在潮湿的环境下也可以继续发挥优良的绝缘作用。

一步合作中，他们为一级方程式赛车手和后勤维修人员制作了专用的服装。并把非常完整的冷却技术进一步运用到消防员、急救人员、钢铁工人、油田工程师及赛车运动员需要的特殊服装中。此后，气凝胶被广泛采用，因为它质量轻，又有极端热绝缘的功能，是达到黄金标准的极其理想的材料。被称为“蓝色烟雾”或“冷冻烟雾”的气凝胶被认为引发了许多产业的革新，包括服装、家庭日用品的绝缘及电子产品。

还有值得一提的是，北面服装公司（The North Face）也已研发出了名为热绝缘球（Thermoball™）的材料。传统的绝缘材料通常是将长丝纤维固定在平板上，与之不同的是，热绝缘球材料有着很短的聚酯纤维，这些纤维被卷成直径为1/8~1/4 英寸（0.3~0.6 厘米）的微型绒球，再将这些绒球形成一排排相互连接的隔板，将空气都圈在周围。绒球有三重优势：质量轻、不收缩、易包装；而且由于绒球不能聚集到一起，即便是在潮湿的环境中，它们依然会维持自己的绝缘性能。

冲击防护

即便是在早期的接触性运动中，人们也已经意识到冲击防护的必要性。但随着体育运动的发展，这些运动对人体造成的危险级别也相应增加。运动员需要越来越好的

防护服装，而且还要保证运动员有更大的运动灵活性和移动范围，因此防护效果不能依靠太多的填充物，这样会影响穿着的灵活性和服装的外观。

针对足球、曲棍球、长曲棍球以及各种接触性体育运动项目，传统的冲击防护是在衣服的里面或在头盔坚硬的塑料壳下面填充泡沫类物质。通常，泡沫有两类：闭孔泡沫和开孔泡沫。闭孔泡沫的气泡完全封闭在其结构中，它无孔且不透气。闭孔泡沫的密度更大，通常是较为理想的冲击保护、密封和热绝缘的材料，如氯丁橡胶、乙烯－醋酸乙烯酯（EVA）和聚乙烯都是闭孔泡沫。当闭孔泡沫的气泡在制造过程中破裂，创造出一个相互连接的蜂窝状网络时，这就是开孔泡沫。开孔泡沫一般柔软、可压缩。它质量轻，具有透气性，水和空气都能轻松穿过。它通常于座椅、包装、过滤器、家用海绵和声学领域中应用。聚氨酯泡沫和三聚氰胺泡沫都是开孔泡沫。冲击防护通常将这两种泡沫结合起来，采用开孔泡沫获得穿着的舒适性，采用闭孔泡沫缓解冲击力。

6. 智能泡沫

所有冲击防护装备存在的主要问题都是它降低了运动员的运动灵活性。传统防护装备的硬质塑料的

图 2.59

无论是商业应用还是非商业应用，D3O 都备受各类经销商的关注。例如，美国陆军部采购局资助了新的采用 D3O 技术的减震头盔模型的开发，这主要关注士兵头部一般所承受的钝器外伤。运用了 D3O 技术的“恶魔背心”（Demon Vest）能够保护山地自行车手免受冲击力的伤害，同时保证了车手的运动灵活性。

图 2.60

变位面料在未受到高冲击力时会一直保持柔软的状态，一旦受到冲击，它就立刻改变自己的结构来保护穿戴者免受冲击力的伤害，当冲击力减弱时它又会恢复到其弹性状态。

图 2.61

变位面料的技术有两种，即 3D 间隔技术和热塑技术。3D 间隔技术采用硅浸渍，使面料具有弹性、透气性，可水洗并耐用。它能够适应较宽的温度范围和潮湿的环境，而且其性能都能得到有效发挥。采用这种技术制作的服装，不论是在温暖还是寒冷的条件下，穿着舒适感强且十分耐穿。

设置和泡沫的厚度都会限制运动员最佳运动能力的发挥。运动员不得不总是改动这些装备或选择不使用合适的防护装备，从而导致受伤，甚至死亡。但是现在，新型智能泡沫的出现解决了这些问题。这些材料能够让运动员不再沉重、笨拙，能让他们有更好的运动表现，因此运动员们更为积极地在对抗比赛中使用这样的防护装备。

聚氨酯泡棉（Poron®）是一项微型蜂窝技术，能通过相变过程把冲击力扩散到更宽阔的表面区域。Poron® XRD® 是一种柔软的、有轮廓、可透气的开孔泡沫，对高速冲击力具有很好的防护效果。它在静止状态或当温度高于聚氨酯的“玻璃化温度”时，就会保持柔软的状态。当受到突然冲击或高速压力时，氨基甲酸酯分子就会立刻“冻结”。聚氨酯泡棉技术有多方面的应用，而且已被证明，在运动冲击防护中效果极佳，在高度冲击力下，它能够吸收 90% 的冲击能量，且穿着轻便、舒适。由于这种材料还具有很好的弹性，运动员再也不需要依靠僵硬、笨重的压缩填充材料来保护身体。

D3O 是另一种用于冲击防护的智能感应材料。它采用的是速率感应技术，即它的压力与拉力特性取决于加载速率。D3O 也被缩写为 STF，它是一种膨胀液体或黏稠的可剪切的流体，而不是一种相变材料。当它膨胀时，液体的黏性随着张力的增加而增加。当颗粒或胶粒以悬浮液的形式存在时，液体的黏度变化过程受颗粒或胶粒的大小、形状和分布情况的影响。当胶体从稳定状态变为凝固状态时，颗粒聚集到一起，可剪切的流体就会增稠。

D3O 最先由理查德·帕尔默（Richard Palmer）研发，于 2006 年投放市场。他是一名狂热的滑雪爱好者，受此启发，他打算将 D3O 材料运用到运动服装中。他谈道，“我意识到，如果我能创造出一种有液体性质，但又不是液体状态的物质，那么把它运用到滑雪保护中将非常有效”。他的方法是将 D3O 黏性物质转化为泡沫状的结构，这种结构灵活、能保持其形状，并能消耗较高的冲击力。除了滑雪，D3O 还被广泛应用于军用头盔、运动器材、工装、鞋类产品、医疗、摩托车服装以及电子产品容器等方面。

道康宁公司在冲击防护材料的研发中也不甘落后，研发出了一

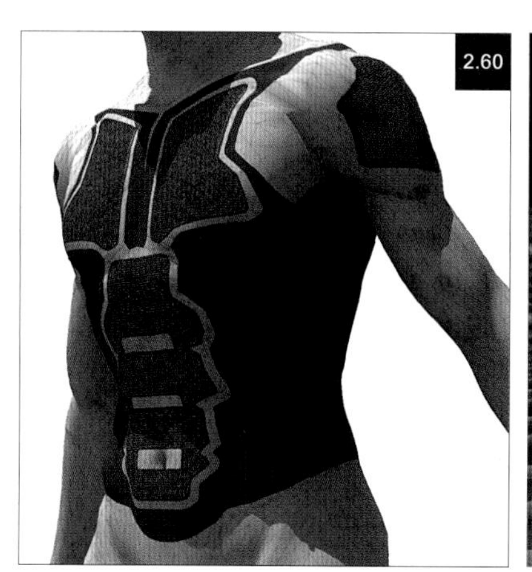

2.60

2.61

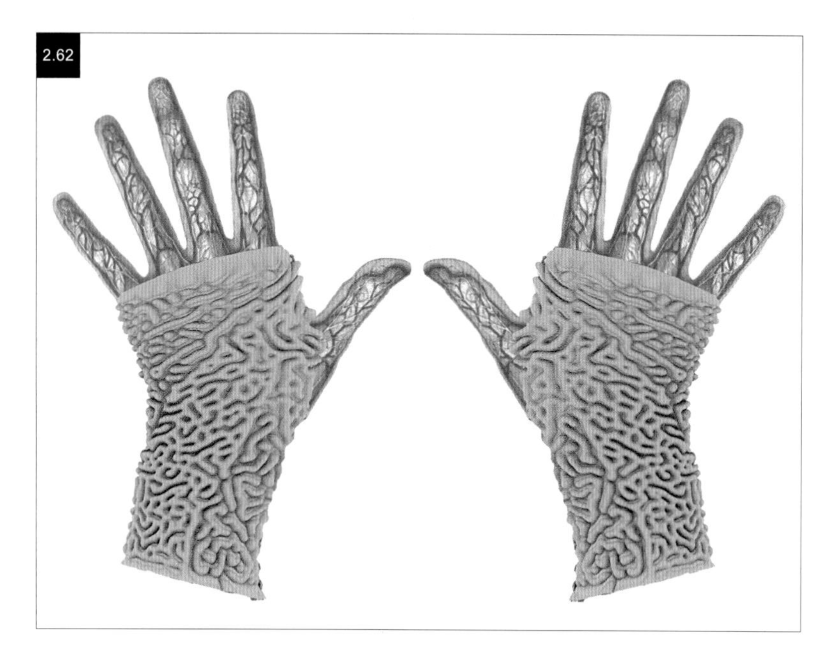

2.62

图 2.62

以色列设计师奈里·奥克斯曼（Neri Oxman）研发出了一套 3D 打印程序，该程序能够根据材料的最终用途来改变其厚度和密度。例如，利用这种 3D 打印技术的“腕关节皮肤”（Carpal Skin）研究项目是为了预防腕管综合征（Carpal Tunnel Syndrome），一种由主神经萎缩引起的手和手指的疼痛症状。这项研究的成果能够根据绘制出的患者疼痛的图像状况，将坚硬和柔软的不同材料进行分布，打印出“皮肤”来，这样就能限制手腕和手指在某些区域的活动以此来减轻患者的疼痛感。

图 2.63

弗朗西斯·比通蒂使用一种尚在实验阶段的新型长丝和 MakerBot Replicator 2 3D 打印机，为自己 2013 年名为“新皮肤”的服装系列创作了名为沃兰的连衣裙。通过与纽约布鲁克林普瑞特艺术学院的学生合作，比通蒂在完成成品前通过 ZBrush 软件（进行数字雕刻和绘画的软件）和 Rhino 软件（一款 3D 造型软件）进行了多次实验。

种能减轻冲击力且穿着舒适的材料，名为变位面料（Deflexion™）。它在受到高冲击力前是柔软且有弹性的状态，但一旦受到高冲击力，就会变得坚硬以起到防护的作用，使人体免受伤害。一旦冲击力消失，该材料又会恢复到其弹性状态。Deflexion™ S 系列的智能纺织品结合了浸有硅树脂的 3D 间隔织物，既透气又可水洗，经久耐用并有良好的防护功能。在 -20~40℃之间，它都能有效发挥防护性能，在 -10~40℃之间，它都能保持弹性状态，并且在潮湿的环境下，也能发挥功效，这就使得变位面料非常适合用于制作在较为温暖的条件下穿着的服装和耐穿的服装。

实验研究

许多有趣的实验研究的目标就是将智能纺织品和可穿戴技术相结合。虽然只有少数几个项目，但因其多样性和方向性而显得十分重要。电脑制图和 3D 绘制已经进入了实际应用阶段，人们可以通过 3D 打印技术创作出真实的物品。在实验室里，生物学更加直接地与纺织面料联系在一起，有许多纺织品和时装面料来源于生物材料。设计师还研制利用废料制作新型面料，同时也在不断试验喷涂材料。在探讨智能纺织品的过程中，不能低估这些研究工作的价值，因为下一个突破性的想法往往来自于对未知概念的探索。

一些涉足多学科领域的设计师已经开始用 3D 打印技术为人体创作出令人难以置信的雕塑形式。来自普瑞特艺术学院（Pratt Institute）数字艺术与人文研究中心（Digital Arts and Humanities Research Center）的研究者弗朗西斯·比通蒂（Francis Bitonti）使用 3D 打印机创作出了两个标志性的作品，即名为蒂塔·万提斯的 3D 连衣裙（参见第 30 页）和沃兰（Verlan）3D 连衣裙。尽管从技术角度讲，它们并不是真正的纺织面料制作的，但这些雕塑性的、计算机生成的可穿戴物品在服装的创作过程和创新方式上是如此的先进，值得关注。

2.63

2.64

2.65

2.66

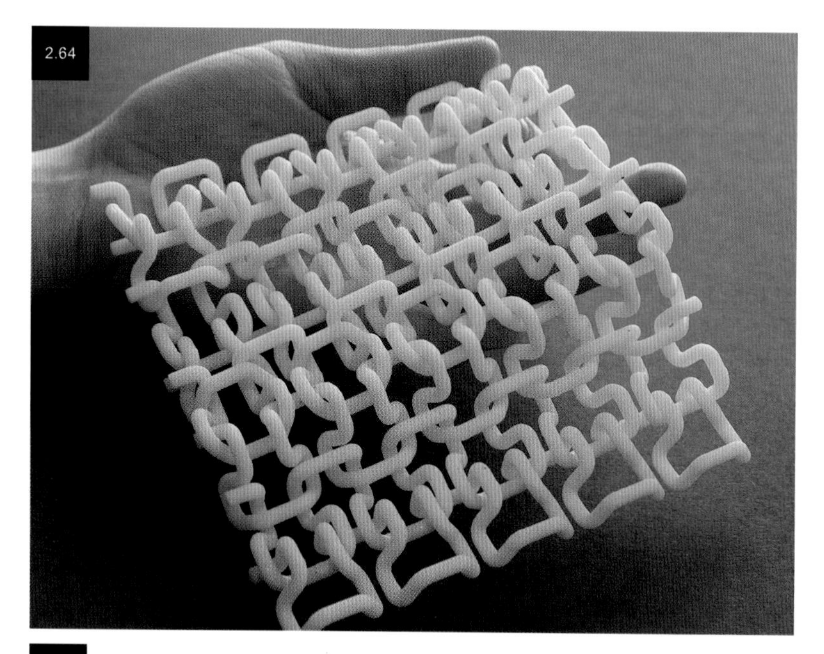

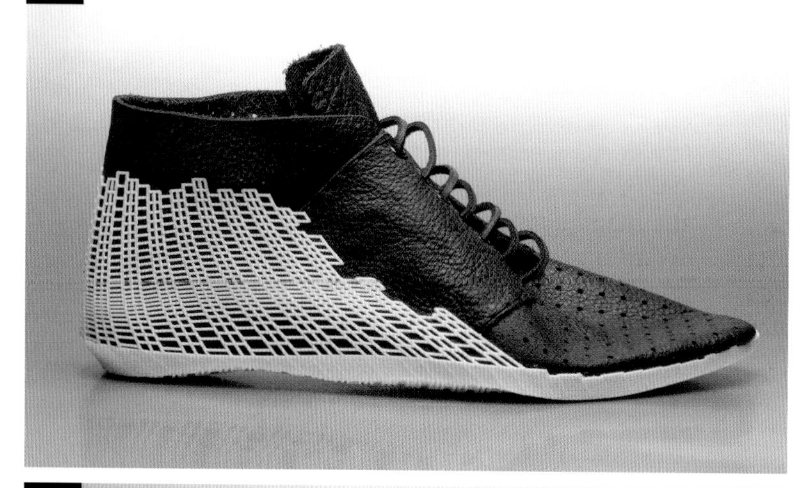

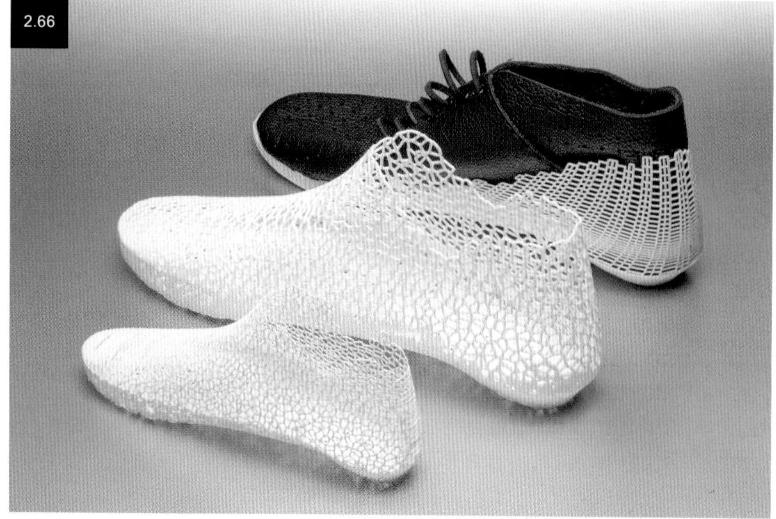

图 2.64

爱丽丝·纳斯托（Alice Nasto）在麻省理工学院研究探索新型面料时，研发出了这种 3D 打印的针织样本。

图 2.65

新西兰设计师厄尔·斯图尔特和酷型公司合作，将 3D 打印的锦纶和传统的制鞋材料结合在一起，创作出了 XYZ 鞋。

图 2.66

这款 XYZ 鞋的早期造型是通过 3D 打印技术实现的。

图 2.67

设计师卡罗尔·科利特是伦敦中央圣马丁艺术与设计学院未来纺织研究中心全职的学术副主任。他研发的“生物蕾丝”是一种转基因植物，能同时产出纺织品和食物。“‘生物蕾丝’把合成生物学用作工程技术，将植物重塑为多功能的生产工厂”科利特说。

图 2.68

该项目包含四种植物，通过基因改造实现多种功能。图中是一株草莓，从根部长出一些黑色蕾丝，长出的黑色草莓所含的维生素 C 和抗氧化成分的作用都增强了。

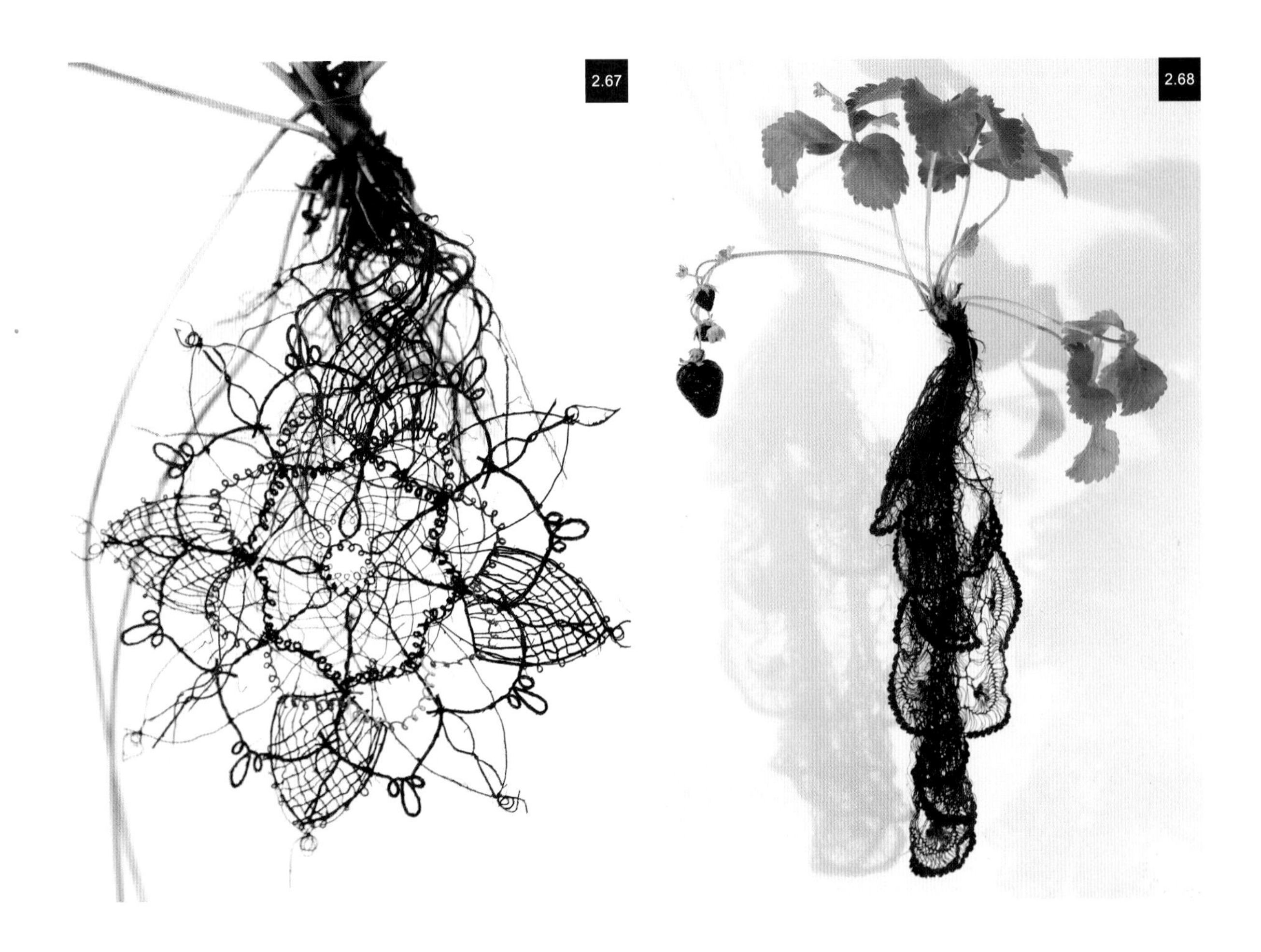

还有，可穿戴技术的先驱者莉雅·布伊奇勒（Leah Buechley），曾与她的学生一起研究纺织面料的未来，他们特别重视将丰富的传统工艺和新技术相结合。在麻省理工学院媒体实验室里，在莉雅的指导下进行的一些研究工作已经产生了一些有趣的想法。例如，她的一个学生创作了一个3D打印的面料样本，这个样本使用一个多步骤程序，打印出了一个全功能的弹性针织样品，而不是由纱线纺织产生的。

3D打印技术甚至开始被应用在鞋类产品的制作中。新西兰酷型制鞋公司（Shapeways），在其创意总监厄尔·斯图尔特（Earl Stewart）的指导下，创作出了XYZ鞋，这种鞋运用了3D打印的锦纶与传统的制鞋材料相结合，如皮革和蕾丝等。可以说，3D打印技术的发展是材料和物质形式革新的第一步。

还有，卡罗尔·科利特（Carole Collet）正在进行一项名为“生物蕾丝”（Biolace）的实验设计项目，这项研究将会改变纺织面料的定义。科利特的作品探索了生物学和纺织面料设计的界限，研究的是未来的纺织面料。与此同时，设计师劳拉·安妮·马斯登（Laura Anne Marsden）研究的是生物链的另一端。她的作品主要集中在“升级改造”方面。她将人们的消费垃圾用作基本材料，如塑料袋等，她已研发出了称为“永恒的蕾丝”（Eternal Lace）的纯手工制作的技术。

几个世纪以来，人类一直不断尝试研发更加先进的纺织面料，希望它们更轻巧、更柔软、更有韧性、更智能，而且防水、防火、防弹，具备防护性、导电性、可变色、能照明、能发电等特殊功能。只要人们能想象出这样的面料，就有方法去实现。在下一章中，我们将要探究一些具有世界领先水平的创造者的研究项目。这些项目展示了他们是如何运用一些新型材料，将我们对纺织品的理解和期待推向新的高度和广度。

3

第三章
应用研究案例

在新型纺织品领域中，服装设计师、建筑师和工程师都是问题的解决者。他们不断创造出新的东西，看到问题就会想办法解决；他们不断想象出某些东西，然后就努力将其实现；他们发现了某种需求，就会想方设法去满足这些需求。为了做到这一点，他们必须无所畏惧地追求知识，总在质疑、试验并不断寻求新的材料或使用新的方法来解决问题。产生有创意的解决方案的关键是要有好奇心去接近、思考这些问题，而这样的好奇心来自渊博的知识。人们从来都不知道新的想法在何时、以什么样的方式产生。我想，这可能就是大家会手捧这本书的一个原因：了解更多关于智能纺织品的知识。但是，对于这个高科技领域，要学习的东西实在太多，那么如何跟上它的发展步伐，并将其应用于自己的创作过程呢?

本章重点描述了一些智能纺织品的运用，有些已经应用于规模性的工业中，还有一些仍在实验室中进行着不断的探索和改进。我将尽力全面地描述目前智能纺织品的运用情况，希望能让大家对智能纺织品有一个最基本的认识，也期待对大家的研究设计有所帮助。

本章将要介绍的项目，希望能成为大家创作的灵感和基础，也期待它们能够激发大家更活跃的思维以解决设计中的问题。本章将探索一系列采用智能纺织材料和不同制造工艺的艺术、设计和科学研究项目。

光与色彩

为了创造出独特且令人难忘的戏剧感受，表演艺术家们往往利用独特的舞台和服装设计来使表演更加精彩。目前，最流行的设计就是把光与色彩融入智能纺织品之中。有许多艺术家、设计师和研究人员在尝试使用LED灯、发光面料和光子创作舞台布景和服装。一些特殊设计的面料利用LED灯和计算机编程能对音乐做出回应。许多音乐家和演员，如黑眼豆豆（Black Eyed Peas）、太阳剧团（Cirque du Soleil）、Gaga小姐（Lady Gaga）、凯蒂·佩里（Katy Perry）、U2摇滚乐队等，也都在表演中采用了计算机编程的电子服装，这样的服装会随着他们的表演而变换色彩。

在备受世界注目的2014年索契冬奥会的开幕式上和著名的美国职业橄榄球联盟的超级碗中场秀上，舞蹈表演也都采用了能够变色的LED电子服装，以取得神奇的舞台效果。这些服装结合声音、灯光和布景，创造出的效果让观众沉醉其中，并且将观众和每个表演紧密连接

3.1

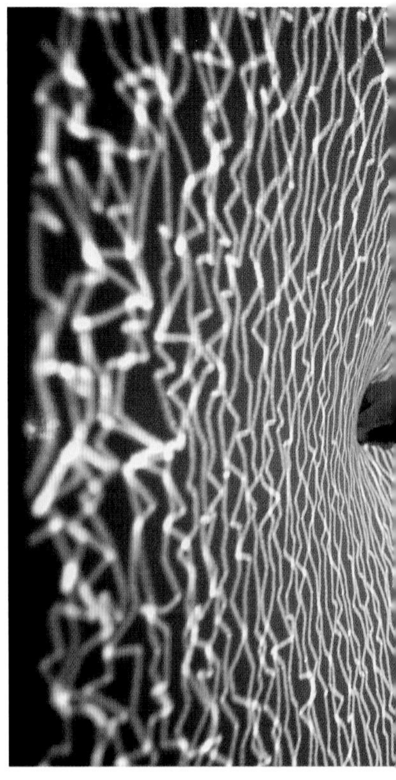

图 3.1

灯光声波伞是一种灯光声波的伞状装置，路人的声音和动作使其发生变化。当人靠近它时，其声音和动作无意间就成为了该装置的一部分。

图 3.2

“烈火墙”是电子、音乐和弹性面料界面的结合体。当人接触它时，会引发听觉和视觉上的回应。人们可以通过操控使这个装置发出各种声音，它能够感知施加在其表面上的压力并作出相应调整，以使声音以不同的速度传播出去。

了起来。

英国的环路设计公司经常使用智能纺织品在公共场所创造令人匪夷所思的建筑装置。这些建筑装置中有些部分是利用灯光制造出了梦幻般的效果，吸引观看者参与互动体验之中。环路设计公司主要研究未来新兴的生物技术对社会和环境的影响，而且他们所创作出来的环境往往将生活中的材料与数字工具相结合。他们的一个名为灯光声波伞的作品（Sonumbra），是纽约现代艺术博物馆委托制作的。它采用了悬浮电致发光纤维形成一个巨大的伞状结构，白天能提供阴凉，夜晚能照明。大气中漂浮着的光线随着游客移动产生的节奏而舞动，每个人的位置都会用一束光来标明，因此，当许多人围绕着该装置移动时，就形成了一个不断变化的格子图案。除此以外，这个作品还能对声音做出回应并将其传入光和空间中。

使用智能纺织品吸引观众的想法也已经被许多优秀的艺术家所采纳，尤其是那些与纤维、雕塑、表演和各种装置打交道的艺术家。智能纺织品的这种变形、变化以及做出反应的超自然能力已经俘获了艺术家和观众的想象力。亚伦·舍伍德（Aaron Sherwood）和迈克尔·P. 埃里森（Michael P. Allison）创作的“烈火墙”（Firewall）就是一种能够与人互动的视听装置，它将可伸缩的氨纶面料（弹性面料）用作界面，通过在它表面的操作，创作出音乐及烈火一样的视觉效果。如果按压它或快速地从其表面划过，音乐的回应就会更加强烈，表现力也更强，声音可以变得更大，节奏也更快。这样的声音效果，再加上出现在面料表面的视觉效果，创造出了一种身临其境的音乐和视觉体验。

3.2

通信：触摸、声音与数据传输

想象一下能够拥抱几公里以外的爱人。拥抱所产生的亲密感觉超越了任何一种语言，是人类交流的基本形式。今天，可穿戴技术和电子纺织品把新的维度加入到通信领域，甚至能够让异地恋得以实现，使触感的传播和声音的传播一样容易。

与亲朋好友保持联系是一种强烈而又自然的欲望，这对人们的生活有很大的推动作用，因此，世界上许多伟大的发明都是关于通信的。现在，智能纺织品带来更多的方法，去探索和发现虚拟的物理连接，开拓新的方式去审视世界。当电子产品融入纺织面料时，服装就成为人类与互联网联通的接口，它结束了那种需要一直看着屏幕、握着屏幕以及接触屏幕的通信方式。

“屏”（Ping）就是其中的一个例子。它是一种服装，利用穿着者自然的手势可以将信息无线发送到关联的脸书账户上。这件作品的创作者是人工制品公司（Artefact）的设计总监詹尼弗·达摩（Jennifer Darmour），她也是可穿戴技术（electricfoxy）博客的作者。可以说这款服装重新定义了社交媒体的接口，它使人们之间的沟通交流更加畅通无阻。人们只需要掀起连衣帽、拉拉链、拉带子、按纽扣，甚至只是简单的弯腰、转体等姿态、动作，便会使一些已预设好的信息发布在关联的脸书页面上。人们一如平常地度过了一天，但他们的每个常规动作都能不断地向朋友们传递出状态、心情或其他方面的信息。

当你从朋友那里收到信息或评论时，这件衣服肩膀处内置的传感器就会引发微弱的振动来提示。为了能够

图 3.3

“屏”是一款把人的社会活动与社交媒体结合起来的服装。詹尼弗·达摩的这种创意设计使穿着者利用正常的身体姿势和使用像纽扣、拉链这样的服装配件就能在其脸书页面上发帖和完成其他指令。

识别联系人，借助脸书应用程序，它可以为你的每一个朋友或朋友圈定制独一无二的震动节奏。你还可以建立个人的语言系统，可以通过帽衫来控制这种语言，这样就可以在脸书账户上发帖和收帖。这件衣服延伸了人们的想象力，并证明了在人们的服装和配饰上可以应用3D手势识别技术和环境感知的新技术。不久，服装不仅能在视觉和感觉上给人们带来良好的体验，而且具有让人们相互保持联系的通信功能，到那时，就再也不需要手里拿着通信设备了。

再来谈谈人与人之间的亲密接触吧。澳大利亚时尚设计师比莉·怀特豪斯（Billie Whitehouse）联手杜蕾斯公司（Durex）打造了一款独特的内衣。这款内衣能带给人们的可不只是与伴侣分离时简单的语言交流。它被称为"前戏的未来"，是通过伴侣手机的应用程序来遥控的。当对方在手机终端激活这个程序时，他的伴侣的内裤就会产生一点点小惊喜，可以说这重新定义了远隔千山万水的浪漫与亲密。这种为男女专门设计的电子增强内衣采用了可导电的面料和蕾丝，并结合许多微小的振动传感器，可以通过无线蓝牙互动软件进行操控。因此，远程控制传感器的应用也给服务于性爱的可穿戴技术创造了广阔的市场。

短信枕头

因设计理念先进而闻名世界的飞利浦研究所的国际团队已经在可穿戴技术领域有了许多前卫的创意理念。早在2005年，他们就开始考虑研发短信枕头了。这种枕头由光子面料制作而成，能接收文字信息，并通过其表面一系列的嵌入式LED灯来显示信息。这是一个开创性的研究项目，是飞利浦和其他许多公司不断探索新的通信形式的基础。

飞利浦的科研团队还研制出了发光弹性填充面料（Lumalive），它采用了各种颜色的LED灯构成的矩阵形状来编织，用导电纤维和细纱线将这些灯连接在一起，这款面料十分结实，能承受水洗。在设计理念上，它和短信

枕头有相似之处，但它更先进，能广泛用于室内灯光照明和广告。

更加有趣的是，西尔维娅·陈（Sylvia Cheng）、金起范（Kibum Kim）和洛尔·维特加尔（Roel Vertegaal）这三位来自加拿大女王大学人机交互实验室的研究员借助触感面料和近距离传感器，研制出了一款能够玩经典追拍游戏的T恤。这个游戏称为TagURIt，是由三个人完成的，其中一个是猎人，另外两个是目标。在游戏过程中，目标玩家的T恤上会呈现出代表目标的虚拟标志，如果这个目标玩家被猎人接近，这个虚拟标志就能从这件T恤转移到另一个目标玩家的T恤上，只要猎人抓住了带有虚拟标志的目标玩家就能获得分数，而目标玩家持有虚拟标志的时间越长，获得的分数也就越高。可以说，在互动游戏和通信中，TagURIt尚属首例。

"物联网"

"物联网"这一概念是1999年由英国技术创新者凯文·阿什顿（Kevin Ashton）首次提出，用以描述这样一个领域：在这里，有形实物与虚拟的信息网络实现了无缝对接，通过网络，人们能够与这些所谓的"智能物品"直接进行互动。它们能够通过网络自动传输数据，而不需要人与人、人与计算机之间的指令交流。这是一种在室内用品领域正在迅速扩张的技术。智能家电、智能门窗、智能

图3.4
飞利浦研究所研发出了一款智能互动枕头。利用光子纺织面料上的LED灯，接受并投射文本信息。

图3.5
飞利浦研究所的发光弹性填充面料是一种智能彩色墙布，能很有效地创造出照明环境，它可以通过编程来控制灯光，使其发生不断变化，甚至转化为广告。

图3.6
安妮特·道格拉斯与来自EMPA研究所的研究者一起研发出了新型的轻薄面料，它能让光和声音的传输同时实现。

图3.7
TagURIt是一种利用虚拟标志的电子游戏，它将近距离感应器和发光弹性填充面料制成的显示器运用在服装上。该游戏向人们展示了互动智能面料是如何实现人与人之间远距离的相互接触，把虚拟变成了现实。

3.6

照明、智能 HVAC（供暖、通风、空调）等，基本上所有的东西都智能化了，所有这些智能物品将很快建立无线集成的家庭和办公环境，更方便、更有效、可持续，甚至更安全。

这些智能纺织品和嵌入式传感器的组合，将给人们带来新的生活体验。例如，它们将能够监测人们的活动及周围环境，能帮助保持恒定有效的温度，根据需要调节灯光、节约能源的使用、控制噪声等。由智能聚合物制成的人造肌肉还可以根据温度的变化自动开关窗户。由于操控这些智能系统用电极少甚至不用电，因此可以在供暖、制冷和供电方面节约能量。

噪声让人讨厌且具有破坏性。它会打断人们的注意力、降低生产力、中断通信，并消耗能量。假如身处一个嘈杂的环境，那里很多人都在说话，你会明白即使跟你最近的人交流都很困难。因此，不管是在办公地点、餐厅，甚至是城市住宅区，吸声材料都在创造理想环境中发挥关键作用。室内建筑师和设计师们早就认为，在打造商业或

3.7

住宅的室内环境时，都有必要控制噪声以提高生活质量。

一般的吸声窗帘是由不透明的面料制成，并填充由物理手段处理过的吸声材料，如沉重而夸张的天鹅绒帷幔。当声波穿过这种厚重的面料时，摩擦会阻碍声波的传递，面料就会起到吸收声音的作用。然而，这样的窗帘也阻挡了自然光线。针对这一问题，著名的瑞士纺织设计师安妮特·道格拉斯（Annette Douglas）开发了一系列被称为“安静空间”（Silent Space）的具有突破性的新型材料。这些材料看起来像传统的百叶窗，能让自然光线穿过，但它们吸收声音的能力是传统吸声窗帘的五倍多。

“安静空间”系列是道格拉斯和瑞士联邦材料科学与技术实验室［the Swiss Federal Laboratories for Materials Science and Technology（EMPA）］合作研究的成果。研究小组利用计算机模型分析了不同纱线和纺织面料构造的吸声性能，最终研发出了一种多变性涤纶纱。后来，就有了专门为吸声设计的质轻、半透明、阻燃的这种材料——完美的声学窗帘。自从2011年推出以来，该系列已经获得了许多著名的设计奖，其中包括2012年的红点（Red Dot）最佳设计奖和2013年的室内创意奖（Interior Innovation Award）。

智能地毯

室内产品设计在地板材料的创新方面也在不断地发展着。例如，嵌入了智能光纤的地毯能检测人的步态，以做出是否会摔倒的预测。英国曼彻斯特大学（the University of Manchester）的研究人员一直致力于这种地毯的研究。它将智能光纤嵌入到地毯表层的下方，这样就创建起了一个二维平面，可以作为一个压力地图使用。它可以收集从地毯上走过的人的步态特点的数据，并通过监测、分析是否有异常，如跛行或不正常的移动，为医生诊断衰老和糖尿病等慢性疾病提供有效信息。

如若有人跌倒，地毯能立刻收到信息，如果此人没有立刻站起来，地毯也能发出急救信号。据估计，每年居家

图 3.8

飞利浦和主要的地毯制造商戴索公司合作研发了一种嵌入了LED灯的智能地毯，它能在你的脚下显示重要的信息和标识。

图 3.9

智能地毯可用于制造商业的室内环境的照明系统，还能通过诸如机场和火车站这样的公共交通设施来控制交通。

图 3.10

地板上的LED灯指示要比天花板上的标志更容易引起人们的注意。嵌入了LED灯的地毯，可以在地面上显示出发光的信息。

3.9

3.10

老人当中有 30%~40% 的老人会跌倒，这是最严重、最常见的家庭事故，年龄超过 65 岁的老人占住院病人的 50%。这种地毯改装成本比较低廉，可以广泛安装在人们的家中，这样会对老人和长期残疾的人特别有帮助。甚至它还有额外的作用，它能监测到入侵者并发出警报。物理治疗师们还能利用它比对病人治疗过程中的变化和改善。

智能地毯还被研发用来代替公共场所的标识牌。飞利浦已经和主要的地毯制造商戴索公司（Desso）合作研发了一款高品质的商用地毯，该地毯的构造中织入了 LED 灯。这种发光地毯被设定用多种语言显示重要信息和符号。这个新项目的应用目标是交通流量大的公共场所，诸如机场和办公楼等。经过机场候机楼时，地毯上的亮光标志会引导旅客走向转机航班、行李提取处或出口。而在一般情况下，地毯会呈现出正常的外观，或通过 LED 灯发出柔和的光。地毯上的发光标牌可以更容易引起人们的关注，因为大多数人走路时会低着头。

变形

将人们的抽象观念用可视的手段表达出来，这样的愿望一直推动着创新的发展。现在，随着智能纺织品和可穿戴电子产品的引入，艺术家和设计师们在新的作品中采用了这些材料，探索人体与技术间的交叉点。无论是采用新的方法使环境更加形象化地被展示出来，还是为了吸引人们的注意力或带来快乐的体验，他们的工作就是将艺术和科技结合在一起。

纺织面料是如何移动并变形的呢？这样的问题可能听起来像科幻小说，但这已经是一个事实了，如像人体肌肉一样可以收缩和扩张的人工肌肉纤维。它是由一种微小的针状纤维构成的，这种材料在一般情况下会保持稳定的状

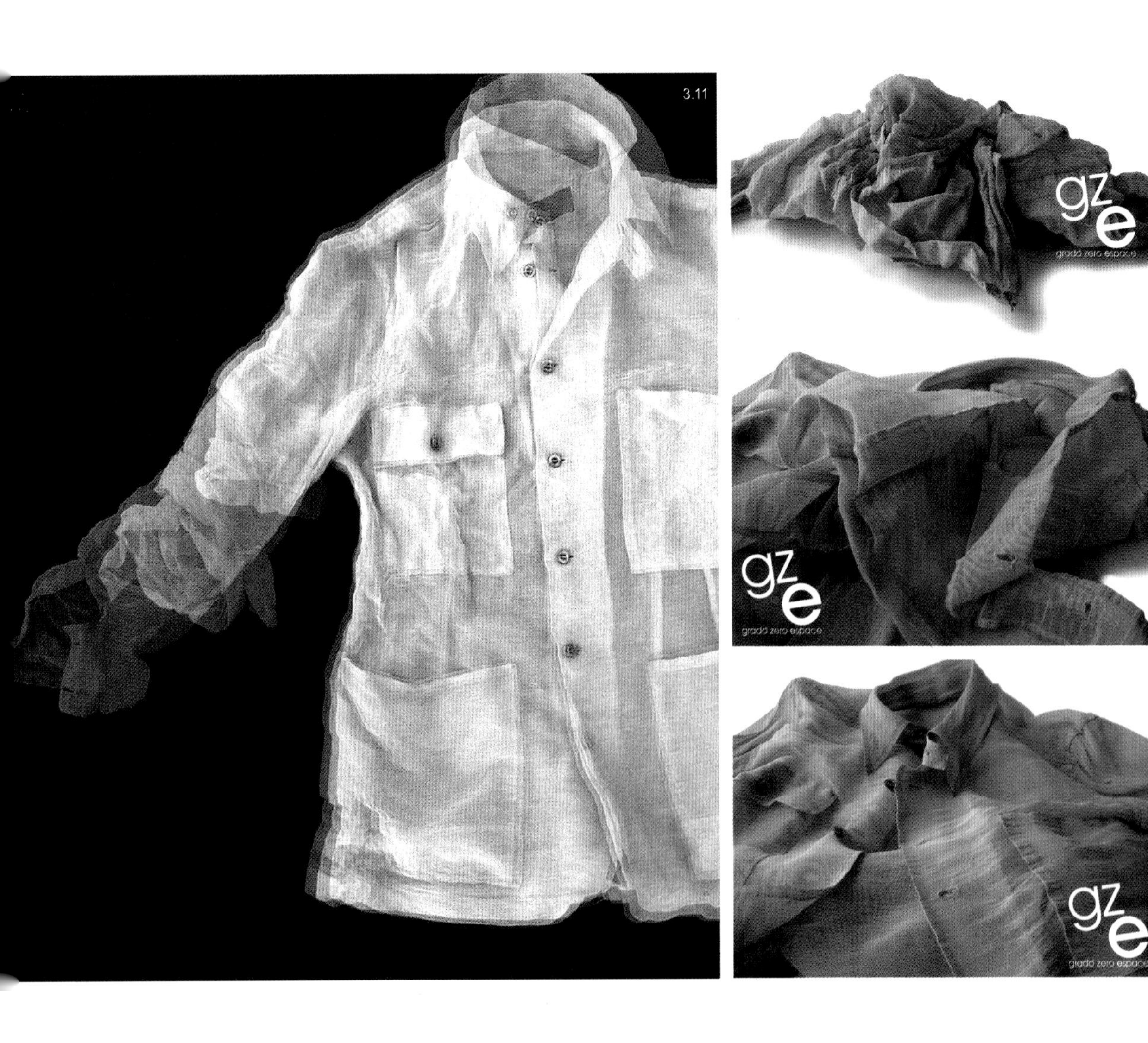

图 3.11

当环境温度发生变化时，用镍钛形状记忆合金面料制成的衬衫就会从松弛状态转化为紧缩状态。该面料的设定精度可以达到两度，能够广泛应用于医疗健康产品和适用于恶劣天气条件下的功能服装。

图 3.12

GZE 公司的 K-Cap 登山帽为极限登山者和旅行者提供了终极保护，使其免受气候剧烈变化的影响。它的形状记忆薄膜和双层弹性面料完全实现了这款帽子的灵活性和依赖形状记忆的贴合性。

态，但它会受热量的影响，只要达到预先设定的温度，就会发生变形。这种反应将持续发生直到它重新获得一个使其恢复的温度。这种纤维被捻成纱线，织造出了人工肌肉面料，如 GZE 公司生产的奥瑞卡面料（Oricalco）。

GZE 公司是世界知名的意大利工业设计和工程公司。他们与欧洲航天局的技术转让项目部合作研发了奥瑞卡面料，该项目部鼓励并促进航天科技成果应用于非航天领域中。这款面料采用镍钛形状记忆合金，遇热便能够形成任何所预设的形状。为了能够说明该面料独特的变形功能，GZE 公司运用这种面料设计制作了一款形状记忆衬衫。

这款衬衫看上去就是一种有口袋、有衣领的普通衬衫，但它的袖子部分预先设定了温度变化的范围，随着室温的上升便会自动缩短。一旦房间恢复到正常舒适的温度，袖子就会恢复到原来的形状。镍钛合金纤维——这种人工肌肉的妙处就在于它们能被设定在任何温度下发生反应，变成任何形状，而且能重复这个过程。形状记忆合金是非常让人感到振奋的新型材料，奥瑞卡面料的诞生是首次将镍钛合金用于纺织面料的尝试。

形状记忆面料

K-Cap 登山帽也是由 GZE 公司设计的，它采用形状记忆面料，是为高海拔登山者开发的一款独特且十分保暖的登山帽。帽子采用双层面料，里面的一层采用了形状记忆面料，能在温度降低时保持与戴帽者头部形状完全一致的形状，由此形成密封，且它与人类的皮肤相似。外面的一层由两片双向弹性面料构成，这是一种两层的采用弹性纱线织成的针织面料，且经纬向弹性相同，保证人们活动自由不受任何束缚。一般传统的连衣帽，在穿戴者扭头时，总是保持静止不动，影响人的视线，而 K-Cap 被启动后则变成了穿戴者身体的一部分，当转移视线时，它会随着人头部的转动而转动。它在很大程度上提高了穿戴者的视域范围。

GZE 公司还运用其智慧开发出了用于极限远洋航行的

S1 航海服。这款航海服采用形状记忆薄膜来改变其渗透性，并能够根据热量条件调节服装的透气性。这种面料结构中的形状记忆合金会使面料发生必要的变化。当天气比较凉爽时，面料会变得更加密实；当天气比较暖和时，它又会变得较为松散。松散状态的面料不仅提高了透气性，保持体温的恒定，而且还减少了人体汗水的聚集（汗水对织物和表面整理层都有很大的破坏作用）。

这款航海服还同时具备其他的特殊功能，在海洋环境中协助、保护穿戴者。由黏性聚氨酯记忆泡沫制成的减震垫可以用来保护人体那些最有可能面临高冲击力的部位，而手套和衣袖结合为一种可变化的整体单元，以防止在不利条件下手套的丢失。这款服装的所有接缝处都采用了已经获得专利的“液体壳”（Liquid Shell）技术来处理密封，在提供最佳防水性能的同时，保持其灵活性。最后，为了安全并提高清晰度，这款服装的后身配备了一个电致发光薄膜，可以通过安装在口袋里面的装置进行操作，在恶劣

3.13

3.14

天气或黑暗中点亮服装的后身。新型材料和创新设计发挥着重要作用，为极限航海提供最安全、最舒适的服装。

“慢卷”项目（Slow Furl）

传统上，建筑是静态的，但是生活却是动态的。“慢卷”项目是梅特·雷姆斯歌德·汤姆森（Mette Ramsgard Thomsen）和丹麦交互式技术与建筑中心（the Center for Interactive Technology and Architecture）的卡林·本奇（Karin Bech）一起合作的研究项目，最终于2008年安装在了英国布莱顿的灯塔画廊（the Lighthouse gallery）中。该项目探索了建筑的动态形式，使人们重新思考和感知周围的建筑环境。它是由覆盖在动态电枢上的纺织薄膜皮肤构成的。这种薄膜皮肤在一些部位缝制的比较紧密，而在另外一些部位又缝制的较为宽松，以便于安装在动态电枢上的机器人进行运动。这种纺织薄膜皮肤采用了可导电的纱线制成，这样的构造有两个目的：一是它们连接着控制电枢

3.15

图3.13

GZE公司的S1航海服被设计成多用途的海洋服装，配备齐全，为恶劣条件下的航海保驾护航。

图3.14

这个手腕上的可调节系带使手套能够牢牢地固定在手上，脱掉后又能紧紧地系在手臂上。

图3.15

这款航海服在特定的身体部位，如手臂的背面和肩膀，额外填充了可防止高冲击力伤害的材料。

不断运动的软开关；二是增加了薄膜的表面积。

“慢卷”项目的特征之一便是其缓慢的几乎察觉不到的运动频率。该小组的研究人员发现，若无薄膜皮肤的覆盖，整个结构的运动感会更加明显。在设计过程中，电枢被设定为进行缓慢而明显地运动，但是当把薄膜皮肤覆盖在电枢上时，这种运动几乎让人观测不到，以至于观看者往往对自己感觉运动存在的能力产生质疑。所以，设计者最终在薄膜皮肤上留下了窥视孔，这样观看者就能够更加直观地看到电枢的运动，并与其薄膜皮肤表面的运动进行比较。

这个实验装置只是一个开端。智能建筑材料的研发正在进行，未来它们将能主动监控室内环境，无须电力。还能通过一系列技术，最大限度地利用太阳能和地热能，例如，能够慢慢弯向太阳，充分地吸收太阳能量，从而降低能量的损耗。

图 3.16

“慢卷”项目是用纺织面料构造的建筑装置，面积有普通房间大小，能对运动和节奏做出回应。其薄膜皮肤利用机器人技术能够制造出缓慢移动并不断变化的墙壁。

芳香疗法能够通过气味来改善人们的健康，是一种在医学上被广泛认可和采用的治疗方法。设计师珍妮·蒂洛森（Jenny Tillotson）博士对芳香疗法的积极作用有着直接的认识和经验，她花费了许多精力研究她称之为“第二层皮肤”的香味服装。这种服装有一个香味夹层，能令服装具有治疗疾病的功效。她的“自由蜜蜂”项目（FreeBee）是一种能散发香味的“活性面料”（Living fabrics），被认为是正在运用香味改变人们生活的研究。作为伦敦中央圣马丁艺术与设计学院（Central Saint Martins）的一名高级研究员，蒂洛森和剑桥大学（Cambridge University）的研究人员一起合作，将大部分的时间和精力投入到了将时尚设计与技术、芳香学即气味科学相结合的工作中。2011 年蒂洛森在 TED × Granta 的演讲中表达了她的观点，“虽然嗅觉是五种感官中被研究的最少的，但它却直接通往大脑，它是非常耐人回味的，能直接传递我们的各种感觉，

图 3.17
珍妮·蒂洛森博士的名为“第二层皮肤”的服装是由一种能够释放特殊香气以产生情绪反应的面料制作而成。

如喜欢和讨厌，它还有显著的情绪增强效果。”

蒂洛森采用嵌入了香味层的面料制成服装，这种服装能降低心率，对减少工作引起的压力有着积极的作用，并且能平衡人的神经系统。目前，精神健康问题受全球关注。据估计，在英国有多达四分之一的人或多或少在精神健康方面有问题，包括忧郁和焦虑，而且有近一半的世界人口遭受着睡眠障碍的折磨。通过将智能纺织面料与可穿戴技术的结合，蒂洛森设计的服装将为穿戴者提供个性化的芳香治疗体验。她希望自己设计的珠宝配饰和服装能协助传统的治疗方法，解决人们精神健康方面的问题。

2009 年，丹麦迪芙斯设计公司（Diffus）和福斯特·罗纳纺织品创新公司共同研发出了一款“气候服装”（The Climate Dress），通过感应空气中二氧化碳的浓度对空气污染做出回应。它看上去是一件漂亮的缀满宝石的晚礼服，上面用导电纱线制成的绣珠能够起到监测的作用，它会以不同的脉动发光模式对空气中二氧化碳的浓度作出反应。

图 3.18

“气候服装”能够感知人们所呼吸的空气中的污染物，并随着不断变化的灯光实时显示可见数据。刺绣的细节凸显出由软电路和导线驱动的 LED 灯。

如今，无论是业余运动员还是专业运动员，都在使用智能纺织面料制作的运动服以获得比赛中的相对优势。这些特殊的服装有助于他们在比赛中变得更快、更强，并且还能使他们在不利的环境中（诸如极端气候，下雨或下雪时）也能赢得比赛。一些先进技术甚至也被运用到人们的日常穿着的服装上。防水、集热以及湿度控制技术现在已经应用于内衣、外套和其他各种服装中。当然，智能纺织面料在运动服装中的应用更为普遍。那些渴望买到智能纺织面料运动服装的消费者似乎根本不在乎它们昂贵的价格。然而，越来越多的公司开始使用智能纺织面料，并不断开发和使用新的技术，使得这种面料的生产变得越来越容易，价格也随之下降，智能纺织面料逐渐广泛运用于服装行业。

智能运动服装的一大关键性能就是在一定的时间内能够控制人体体温，为此，很多公司都采用吸湿排汗技术来配合人体自身高效能的汗液蒸发降温的生理系统，将湿气吸附到面料表面而产生凉爽且干燥的效果。然而，近来有一种突破性的智能纺织面料却不采用这样的方法，而是通过与人体汗液的化学反应使湿气消失。

哥伦比亚户外运动公司研制的“全方位降温零度”面料（Omni-Freeze ™ ZERO），已被证实能够通过改变面料结构的分子构成而实现降低人体体温的效果。这种面料

图 3.19

这款哥伦比亚公司生产的采用了亲水聚合物的“全方位降温零度”面料制成的运动服，会在穿着者出汗时发挥作用。

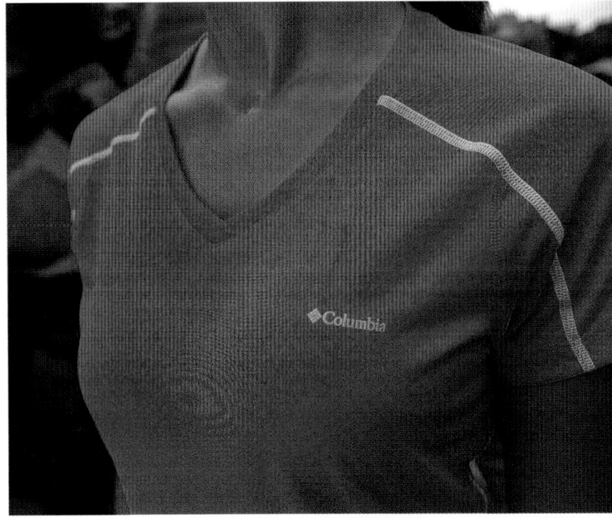

将聚酯除湿层嵌入成千上万个具有超吸湿性的蓝色聚合物环上，这些聚合物环的直径只有 3 毫米（一件中等尺寸的男士衬衫中有 41000 多个这样的聚合物环），当它们遇到人体的汗液时，就会膨胀成环状。这个转变过程所需的能量，可以通过这种面料从穿着者自身的体热中获取。试验证明，这种面料制成的运动服装可以使运动员的体温下降 5.5℃，这远比其他任何一种运用吸湿排汗技术的面料更胜一筹，真正做到了在人们运动的同时能够降低体温。

保暖

对于服装而言，保暖与保持凉爽同样重要。现在，人们已经能够把镀银锦纶线织入到内衣或其他服装的内层，这样保暖效果就会直接作用到皮肤。产生保暖功效所需的能量来自一个由电池控制的小部件，它的形状、大小与手机一样，可以持续工作高达 6 小时。由于该种镀银锦纶线是一种良好的导体，所以利用它在服装中传热时无须其他“传输线路”，而且机洗对其质量也无影响。

现在，再来说说与航天有关的技术。意大利诺韦公司（Corpo Nove）与欧洲航天局合作，于 2003 年研制出了“绝对零度夹克”（Absolute Zero jacket）。这件夹克的特殊之处在于它使用了一种特殊的隔绝材料——气凝胶。这种

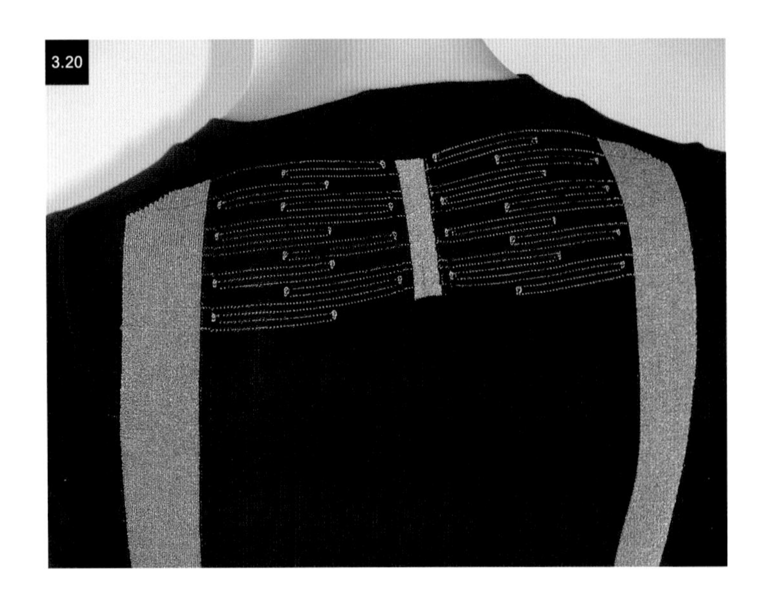
3.20

图 3.20

超级保暖内衣 WarmX® 是一款能自热的内衣。其面料中织入了镀银锦纶，从而能通过直接接触皮肤，透过服装传送热量，使穿着者感到温暖。

图 3.21

这件“绝对零度夹克”利用了气凝胶隔热。气凝胶是由美国航空航天局首次研发的极轻型绝缘体。

气凝胶是美国航空航天局发明的，本来是出于将火星探测器与外太空隔绝的目的。气凝胶是一种硅物质，有着海绵状、像泡沫一样的结构，是目前世界上最轻的固体。它的99.8%的体积都是真空区，这些空间会高效地聚集并且加热空气，从而达到令人难以置信的轻便、高效的隔绝保暖的效果，这是其他材质难以做到的。因此，“绝对零度夹克”的出现在轻便、隔绝技术方面引领了技术革新。

生活中的极限运动爱好者们，或是喜爱户外运动的青少年们很难找到他们中意的专业服装，因为他们想要的是那种在爬山、徒步旅行、滑雪以及其他一些冬日户外活动中能够承受不断跌落与刮擦的耐磨的服装。用凯芙拉制作的“秘银夹克”（Mithril jacket）也许能够满足这些要求。它采用了合成的防弹锦纶面料，防风、防水、耐脏、耐磨，绝对适合激烈的极限运动。密封的接缝使得水不会渗透到夹克里面，像软壳一样的面料会使穿着的人活动轻便、感觉舒适。它是如此耐用，终身拥有一件即可。

总之，智能纺织面料不再是遥不可及的东西，它正在被运用到日常服装上，一些公司发现了商机，于是开始着手制造能够满足各种消费群体（如自行车上班族、徒步者及城市游民）特殊需求的服装。

图 3.22

“秘银夹克”是一种轻型、灵活、耐用的极限运动服装，同时它还具有防风、防水和耐磨的功能。

图 3.23

这件由海丽·汉森（Helly Hansen）设计的 H2 Flow 夹克，是一件能在寒冷气候条件下利用一系列专门设计的内兜而使身体保持恒温的轻型服装。这些内兜关闭时，可以储存身体热量，开放时则释放出热量。

图 3.24

这件“制造者与骑行者”品牌设计的 3 季穿用的防风雨裤子既能当作休闲服，也是户外自行车骑行的装备。它的这种适应性，极受城市自行车骑行者的喜爱。

相变材料

剑桥 MA 公司的供应部是由四个麻省理工学院的毕业生开创的，他们想制作无论室内外温度怎样变化，都会一整天保持干燥、清爽的衬衫。于是，阿波罗（Apollo）衬衫出现了，它是由含有相变材料的纱线针织而成的。这种相变材料可以储存身体热能，一旦人体需要保暖，它就会释放储存的热能达到调节体温的目的。相变材料在固态、液态互变时，能够吸收或释放热能，当变为固态时，释放热能；变为液态时，则吸收热能。想象一下，在七月闷热的一天，当你从凉爽的办公楼里走到灼热的人行道上时，会感受到后背上不断袭来的热气，或者当你从办公室走出去见客户时，也能感受到这种体温变化带来的不适感。而这件衬衫就可以让人们在这样的环境中感到舒适。继阿波罗衬衫系列之后，这家公司又开发出了可以调节人体体温的内衣、短袜和长裤等产品。

还有一些城市户外运动品牌，如“制造者与骑行者”（Makers and Riders）、“使命工坊”（Mission Workshop）、“露宿族”（Outlier）、“太空旅行”（ Aether）等，都开发出了既适合正式场合又适合非正式场合（如自行车骑行时）穿着的服装。这种休闲风格的设计实际隐含了竞技运动员服所具备的一些特征。

例如，“制造者与骑行者”品牌生产的骑行裤是一种3季（3-Season Suprema）穿用的防风雨裤子，它具有透气性、防水性，轻便灵活，它采用的新型软壳面料要比市面上其他防水面料透气性好100倍。这种裤子跟牛仔裤一样，有五个口袋，后面也有贴边，还有隐蔽的内侧口袋。这家公司正在开发一种独特的裤裆三角片设计，使得人穿上后既能活动自如，又凸显身材线条。

值得一提的是，由奥地利尤拓普公司（Utope）生产的一款发光自行车手防风夹克（Sporty Supaheroe Jacket）是可穿戴技术和智能材料的结合体，采用了防风、防水、透气性好的有机棉面料和柔性的LED线路板相结合。它不是一般的可发光的自行车骑行夹克，这款夹克可以与移

3.24

动设备建立联系来传输有关定位、手势和速度的信息。它的发光系统是由一连串闪烁的 LED 灯组成，连接着一组传感器，可以追踪骑行者的活动情况和身体状况，它可以提高可视度，从而有利于骑行者夜骑的安全。这一整套可穿戴电子系统运行的能量由充电电池提供，充电电池安置在具有超强透气性、防水性、轻便性的可洗智能面料夹层中的可拉伸电路板上。

不仅如此，这款夹克还采用了许多先进技术的智能纺织面料。它的外层主要是一种非常耐磨的军用有机棉面料（EtaProof），在这层面料中嵌入了透明的纤维材料，使得 LED 灯在可穿戴电子系统打开时能发光。这些嵌入的材料都具有可拉伸性和防水、防风功能。这款夹克的衬里主要采用一种黏胶纤维织物，夹克后背和袖窿下面的衬里还采用了伸展性能良好的软壳面料，这样会增强服装的透气性，有助于穿着者在高强度运动之后的湿度控制。不负众望，这款夹克在 2013 年荣获了“红点”设计大奖赛（Red Dot）的“顶尖”设计奖。

对于一名运动员来说，其训练是由测速、监控和对运

图 3.25 & 图 3.26

这件由尤拓普公司设计的发光自行车手夹克利用一组 LED 灯使自行车夜骑和其他活动更安全，同时，它的设计也美观时尚。

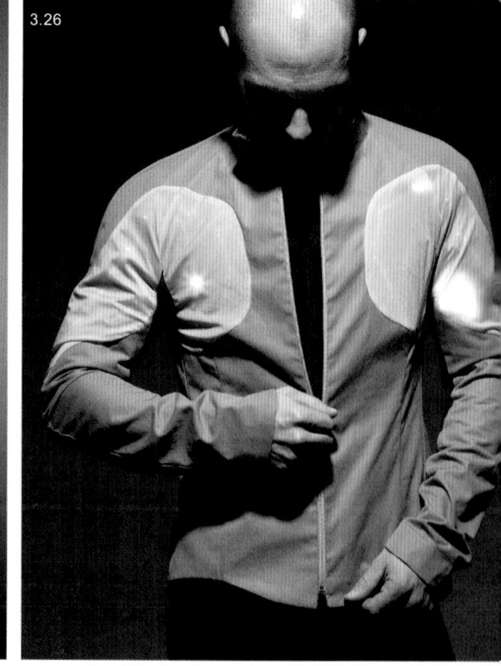

动结果进行比较构成的。而现在，可穿戴技术可以让教练真实地看到运动员的运动数据，这些信息甚至还可共享给运动员的粉丝们，让他们也一览无余。2011 年，安德玛公司（Under Armour）发布了 E39 智能运动背心。每年 2 月，美国国家橄榄球联盟（National Football League，简称 NFL）都会举办为期一周的运动员选拔秀，届时各大学的橄榄球运动员都要进行体力、脑力测试，并将结果展示给联盟各队的教练、经理和训练营，以备 NFL 选员。

生命体征

E39 是一款智能紧身运动背心，它在运动员胸骨下方的位置装有嵌入式的监控装置。穿着 E39 的运动员可以将其生命体征（包括心率、呼吸和强度级）记录并传送到有蓝牙功能的智能手机、平板电脑或笔记本电脑中，以供 NFL 人员观察使用。通过这些数据信息，再结合运动员的身材、速度、灵活性、垂直起跳高度和耐力，教练就可评估出一名运动员在训练时释放出了多少能量，判断出运动员是将体能全部释放，还是留有余地可以提升从而更好地表现。

图 3.27
安德玛公司研发的 E39 智能运动背心可以监控运动员的生命体征和运动强度，并将这些信息无线传输给其他电子设备，从而实现第三方对运动员的监控。

图 3.28

由 MC10 开发的锐步检测仪（Reebok Checklight）是一个在运动员进行触碰对抗运动时，安置在运动员头盔下面的装置。它利用加速计和陀螺仪监测能对头部造成伤害的碰撞。若监测到这种伤害的风险，检测仪就会发出 LED 信号。

结合耐力和体能评估，E39 也可以分析运动员的身体运行机制。无论是为选员提供的运动员评估数据，还是赛场上对他们的监测数据，都会让教练准确看到运动员跑步时的加速状况。通过监测身体两侧的加速和方向数据，教练能准确分析运动员的训练进展情况，判断是否可以通过使运动员身体两侧达到更好的同步性而提高速度。同步性差会产生拖拽现象从而降低速度。

通过监测，E39 还可以发现无法完全发挥运动能力的运动员，并向医疗人员发出警告信号，建议他们将场上的运动员撤换，从而降低运动员受伤的风险。它还能够及时探测运动员身体脱水和过热现象，及时发出警示。随着 50 多所大学开始使用 E39，并且有越来越多的年轻运动员参与橄榄球运动，运动医学专家们将这些测量标准看作是利于比赛安全的积极保障。

还有，智能投手运动衫（Smart Pitcher shirt）是由马萨诸塞州州府波士顿市的美国东北大学的三位工程学专业的学生发明的，避免受伤是发明这件衬衫的驱动因素。起先，橄榄球投手为了分析他投出的快球的生物力学，不得不跑去实验室做实验；而这款配备有加速计并在后背、肱二头肌、前臂位置装有动力传感器的投手运动衫现在可以将投手的信息数据直接传送出去。如果一支球队的主力投手严重受伤，会使球队花费数百万美元，从而使收入在一定程度上减少，更别提运动员受伤恢复所需花费的时间。这款运动衫可以在任何水平的运动员投球时实时传送相关信息；除了可以有效避免运动员受伤外，它还可以为选拔年轻运动员提供指导信息，成为隐形教练或网上远程教练。它的发明者们相信，这款运动衫也适用于其他运动（如网球和篮球）。

防护功能

比起以前的纺织面料，智能纺织面料的防护功能越来越强大，而且更轻便、更灵活。在军事、治安、消防和工业制造领域，智能纺织面料能够有效减轻碰撞、火焰、激光、子弹、刀械、毒气和放射物质对人体的侵害。防护服装可以为人们创造一个便捷的环境，不仅使人在严酷环境下作业成为可能，还更加安全，从而大大提升了人类的工作能力，改善了工作环境的安全性。从普通的商人、教师、政治家到那些直面恐怖主义威胁的工作人员，这些新型纺织面料为他们的普通服装带来了强大的防护功能，而这是昔日的高端精英人士才能享有的特殊待遇。

一个世纪以来，防弹背心早已成为军事和执法人员必备的装备。人们不断改进技术，研制出了凯芙拉（Kevlar®）面料和其他一些相似的面料，采用这些面料制成的防弹背心更安全、更轻便、更舒适。作为军装必备的防弹背心，主要依靠多层面料发挥防弹作用，所以体积庞大，但这还不能算是严重的问题；关键的是，这种防弹背心穿起来既笨重又难受。现在好了，一种由碳纳米管制成的新型材料被用来制作具有防弹功能的服装，它具有更舒适、更时尚的外层设计，而其内层则嵌有防弹、防割功能的材料。

图 3.29

杜邦公司的诺梅克斯面料被广泛应用于诸多专业领域来保护人们免受高温和火焰的伤害。如图所示，消防员要在靠近大火的地方竭力执行救火任务，用这种面料制成的专业服装则可以有效保护他们免于烧伤。

迈克尔·阮（Michael Nguyen）在位于多伦多的加里森定制服装公司（Garrison Bespoke）生产出了能防弹的商务套装。这是一款特制的三件套服装，采用了最早为军事领域运用的特殊面料。现在，诸如政治、国际财经、石油、珠宝等行业的人们都有可能置身于危险和有潜在生命威胁的环境中。从事这些行业的人希望他们的服装既具有很好的防护性，又具有隐秘性且时尚大方。这种最新专利的碳纳米管纤维内衬，比凯芙拉面料还要轻50%且灵活性更高，被用来制作男士马甲、夹克和裤子的衬里。据测验，这套价值20000美元的套装可以阻挡口径为9毫米、0.22英寸和0.45英寸的手枪的射击。

3.30

3.31

图 3.30

这是加里森定制服装公司的迈克尔·阮设计制作的防弹商务套装，是由碳纳米管纤维层构成的。

图 3.31

这套防弹套装已经被证实可以阻挡口径为9毫米、0.22英寸和0.45英寸的手枪的射击。它对那些既想保证安全，又想要穿着时尚整洁的人来说，是非常合适的。

图 3.32

这款气囊头盔的设计就像一条时尚的围巾，在吸引大众审美的同时也能保证人们骑自行车时的安全（参见图3.33）。

护甲阿玛尼

自从 2012 年美国康涅狄格州的桑迪·胡克小学枪击案发生后，防弹衣和护甲生产商们经历了前所未有的行业兴旺，从带有防弹功能的普通夹克和防风夹克到 T 恤、紧身衣甚至潜水服，无不让人趋之若鹜。在哥伦比亚的波哥达，米格尔·卡巴莱罗公司（Miguel Caballero）（外号护甲阿玛尼）为不同人群设计出了轻型且风格前卫的各类防弹服装。装有防弹装置的运动服、外套、摩托夹克、休闲装在温暖和寒冷的气候下都适用。甚至商家还推出了防弹领带，从联合国维和人员到重要人物和说唱艺人都购买防弹服装用于保护自身的安全。人们对既时尚又具有防护功能的服装的需求催生了新的产业。现在，米格尔·卡巴莱罗时尚精品店遍布墨西哥城、危地马拉城、约翰内斯堡和伦敦等地。

3.32

从防弹衣到自行车防护装置，具有防护功能的服装及装备不仅能拯救生命，同时也适合人们日常穿着，其双重功能使得越来越多的人能够接受。例如，气囊头盔（Hövding）是一款革命性的新型自行车头盔，它是目前世界上最安全、最具隐秘性的自行车头盔。不同于传统头盔，戴上它，感觉就和脖子周围的衣领一样自然、舒适。

这款头盔是瑞典隆德大学主修工业设计的安娜·豪普特（Anna Haupt）和特雷泽·艾尔斯汀（Terese Alstin）完成的硕士论文研究项目。这个如衣领般的头盔包含一个设计独特的气囊，它可以在遇到撞击时膨胀，遮住人的整个头部；在没有妨碍穿着者视域的情况下保护头部后侧、两侧和前侧免受伤害。这个气囊由抗磨损的轻型锦纶作保护层，它的表面可根据服装搭配的需求而有所变化，因此，戴上它，看上去就像是围了一条围巾。

很多产业工人，如从事采矿、深海捕捞、钢材制造、石油开采、核能制造和其他一些工作的工人，需要依靠防护性服装才能开展他们的工作，保护他们免受不利环境和威胁生命事故的伤害。应此需求，大量资金被投入了这个全球化的新兴产业中，不断开发新型材料。

图 3.33

这款头盔受到撞击时，会及时充气膨胀，包裹住除面部以外的头部周围，使人免受伤害。

目前，激光越来越多地应用于工业车间的技术操作中，包括切割、校准、热处理钻孔、动态平衡、度量、密封、军事以及平版印刷中，而这些也不过仅仅是一小部分。尽管手控激光使用普遍，但直到最近，人们才研制出目前唯一一款有保证的防护性护目镜，可供工人们在操作激光时使用。很多一线工人近距离操作激光，即便只是一个小小的失误都可能对他们造成严重烧伤；同时，那些红外线辐射能够深入人体，对血管和其周围组织造成伤害。不过不用担心，工人们很快就能利用这些新产品来保护身体、手和眼睛不受伤害了。

德国汉诺威激光公司（LZH）一直致力于欧委会资助的一个为激光操控者开发完整系列防护性服装的项目。这个项目的产品包括实验室外套、围裙、裤子、手套等。这些产品都设计有主动型或被动型防护体系。这个系列的服

图3.34

这款手套可以保护激光操控者的手。其中的多层面料设计既可反射激光，也可吸收剩余的放射物。

图3.35

应用多层设计的吸水夹克能阻止高温进入夹克内部。它的衬里不仅能使穿着者保持凉爽，其水凝胶垫料还可以赶走湿气。

装采用多层面料制作，将这些面料复合在一起，首先可以尽可能多地反射激光，进而再吸收并分散剩下的放射物，从而减轻它们可能对人体造成的伤害。不仅如此，这些服装的防护层还嵌入了传感器，形成一种积极监测系统。当探测到放射物时即可自动关掉激光。物理屏障和活性智能传感系统的结合为飞速发展的工业带来了前所未有的安全保障。

隔热服装

隔热服装早已运用于防火和北冰洋探险人员的装备中。吸水夹克（Hydro jacket）是GZE公司设计的一款具有隔热功能的消防员专业服装，它采用超吸水的聚合物面料制作服装里层，以达到热量和水汽控制的目的，给消防员提供更舒适和更安全的服装。像激光防护服一样，它也运用了多层面料系统。夹克的外层可以反射太阳光，耐火涂层可以有效阻隔大火的热量，夹克的第二层还可以作为热量屏障并能阻止火势发展。安全的水凝胶垫料被用来制作夹克的衬里，从而创造出最好的且适用的水汽处理系

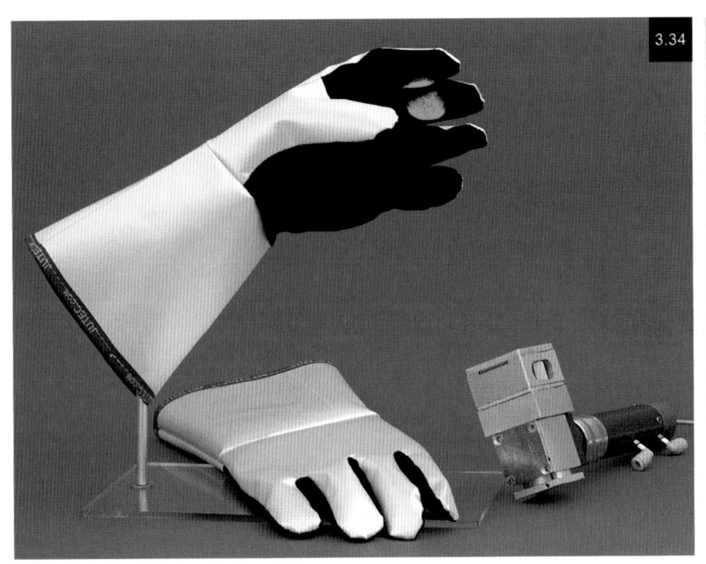

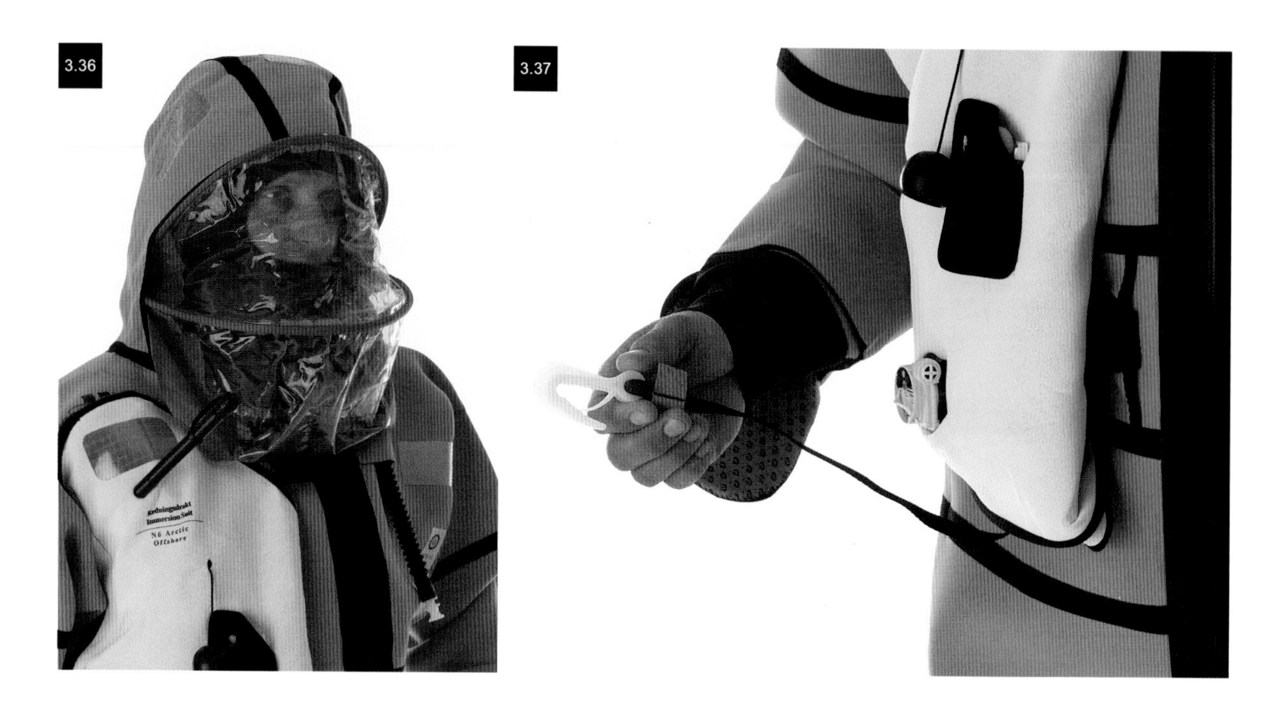

图 3.36

这套北极海域救生衣是专门为海洋石油工人而设计的。它使用了多重系统，因此，它是石油工人日常工作操作中重要的防护性装备，也是重大事故中人身安全的保障。

图 3.37

北极海域救生衣功能的可靠度对于穿戴者的幸存率来说至关重要。穿上这件救生衣可以在北极的水域中浸泡长达六个小时。

统，而且这件服装还相当轻便。

水凝胶是一种在结构不变的情况下也能储存大量水分的网状亲水聚合物。它不溶于水，在积聚的水分上升时膨胀，但不会爆破。水凝胶的这种超强吸水性使得它广泛运用于工业产品的制作中，如化妆品、药物、人工器官和组织工程、保护伤口的涂料、隐形眼镜、防火装备等，还有婴儿纸尿裤的生产。吸水夹克的外层就是运用了水凝胶的超强吸水力和隔热性能；它的里层能吸收消防员的汗水，从而尽可能地保持身体干爽；它的第二层就相当于散热器。

海上生存

在商船、渔船和近海设备上使用的紧急救生衣必须能够应对冰水、刺破、磨损甚至火灾等极端条件。海上生存依靠的就是救生衣能否完美地发挥其性能。假若救生衣的一个部件出现故障，人员的幸存率就会急剧下降。救生衣的设计必须与面料和结构相结合，共同创造一个独立的环境，保护海员不受事故伤害，并能在得救之前不会沉入海里。

由汉森公司（Hansen）设计的北极海域救生衣（Sea Arctic suit）是一件超耐用的连体救生衣。它由超级耐用、抗老化且防火的氯丁橡胶制成。它外层的荧光染料即使浸泡在海水中也不会掉色，以便求救时容易让人发现。而且，这件救生衣的接缝处都做了密封处理，这样它就可以让人在水中保持漂浮状态。此外，这件救生衣上还安装了自行扶正的装置，以防穿戴者站在甲板上行走不稳。它还设计有一个露指手套，一个能完全将救生衣包裹住的有弹性的塑料罩套。令人惊奇的是，据证实，这件救生衣可以在北极的水域中浸泡长达六个小时。

完整环境监测系统

每年大大小小的矿难中都会有数千人丧生。“流动监测站”（Mobile Monitoring Station）是一件专门为矿工设计的配备有完整环境监测系统的智能夹克，能拯救很多遭遇矿难事故的人。这件夹克配有可以监测地下物理条件和环境的传感器，能在环境发生变化时及时向矿工发出警告；同时将这些信息数据实时传递给矿业公司，有助于他们在事故发生之前采取防御措施。除此之外，传感器也能监测穿戴者的生命体征，发现如心率加快、硅肺病（又称矽肺病）的早期症状（由于吸入粉尘颗粒而造成的一种肺病）或由于噪声而听力丧失的情况。该传感器还能监测空气中是否含有氡（一种放射性的能致癌的无味气体）、焊接烟尘和其他有毒金属，可根据所开采的矿藏确定需监测的有害物质种类。这款夹克还能警示穿戴者所处环境的危险程度以及其他相关因素，并且这些信息数据还能即时通过无线电传递至地表，这样，计算机软件就会在井下有危险时发出报警。

采矿是一项危险的工作，在矿业公司尽力为矿工创造安全的工作环境的同时，智能技术让矿工监测自己的安全情况成为可能。

可持续性：能量再生与能量保存

织物电池、冲力发电、太阳能发电服装、天线面料等听上去像是异想天开，但实际上这些都已经是真实存在的事物。全世界的研究人员在实验室中不断开展着很多研发项目，如在人跑步时可以给其手机充电的装置和可以被储存在衣兜里的数据等。但这些项目最令人瞩目之处就是其对于可持续发展的潜在影响，它们都是着眼于通过人体运动和自然环境条件（如太阳、风、声音等）来产生能源。

目前，研究人员已经研制出了能延伸至其原来四倍长并且还能复原的可拉伸锂离子电池。这个新产品在折叠、弯曲和拉伸的情况下也能正常工作，基于此，它就成为太阳能发电服装的基础材料。来自中国、韩国和美国伊利诺伊州的工程师们组成的国际团队研发出了只有卡片大小的SD（安全数据）电池，并将该电池用于可发电服装（尤其是运动服）、灵敏的触感机器人皮肤、能监控人体生命体征的“文身”以及一些未来的可穿戴纺织用品中。

当然，对旧技术的改造、拓展也能让研究人员产生新的想法和研究成果。新西兰奥克兰大学的一个研究团队就改造了一个不起眼的橡胶发电器，将其运用在人们日常穿的鞋上，这款鞋能从人正常走路的过程中获取能量。随着走路路程的增加，该发电器能不断积攒电量，供手机使用。该发电器是由绝缘弹性传动器（能产生很大张力的智

图 3.38

这个锂离子电池能拉伸至原长度的四倍。即使有不同方向的挤压，它也能保持正常工作状态。

图 3.39

鉴于其延展性和灵活性，该电池的发明是太阳能发电服装发展进程中具有开创性的一步。

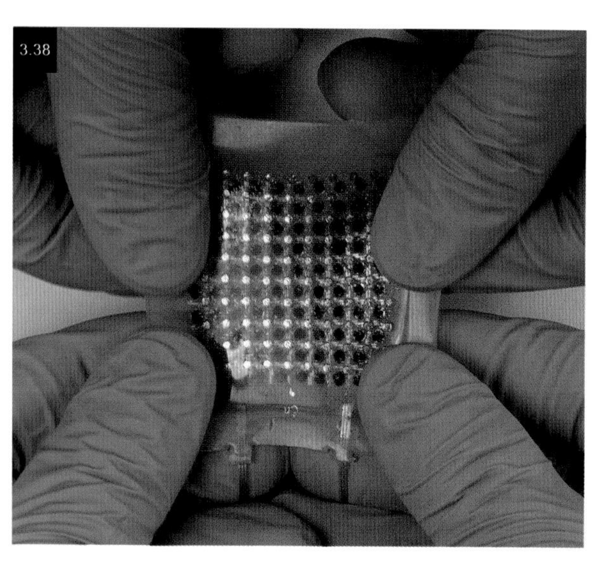
3.38

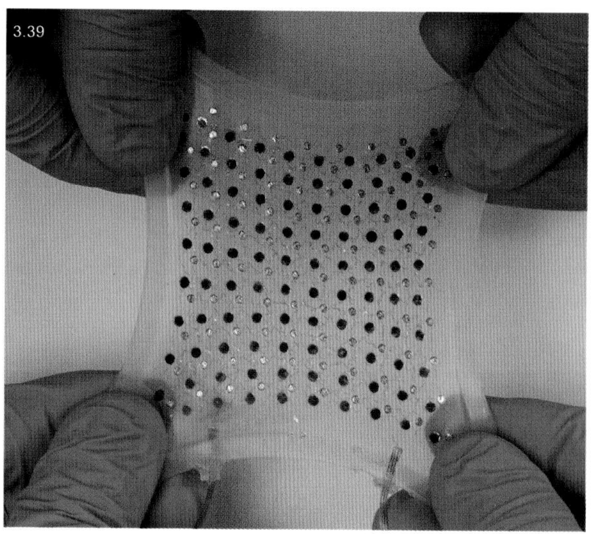
3.39

图 3.40

由 MC10 公司开发的这种“生物邮票临时文身”(the Biostamp temporary tattoo)能通过体温变化发电。这种像邮戳一样的图标可以获取足够能量为固定的和手控的医疗设备发电，并且还能收集穿戴者的生理数据以帮助穿戴者作出更好、更快和更确切的保障身体健康的决定。

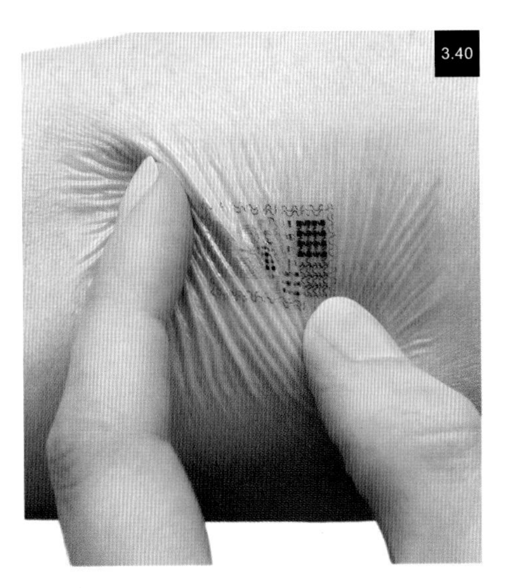

能材料系统）组成的人工肌肉材料制成，随着不断的挤压和延展，它就成了一块可以储存能量的电池。据估算，生产一个这样的发电器花费不到 4 美元，而且还易于附加在很多衣服和鞋子的设计中。

能量获取

自从《天外魔花》(*Invasion of the Body Snatchers*)上映之后，要从人体获取能量的这个想法就充斥在科幻小说家和科学家的脑海里。现在，纳米技术的发展可能会将此想法变为现实。热电转换材料能利用温度的变化将热能转化为电能，然后将这些电能储存在电池里，或直接用于发电，或给一个装置充电。富士胶片株式会社的科学家同日本国家产业综合研究所（AIST）的科学家合作研制了一种新型高柔度热点转换材料，它既可以印制在织物表层，也可以作为临时文身直接印制在皮肤上。这种热点转换材料能侦测并获取温度微弱变化过程中产生的热能，哪怕温度的变化只有 2° F（−1℃）。科学家们期望人们能大量运用他们研发的这种材料，例如，病人可以用这种材料给他们的医疗装置发电，可以为衣服上手控装置的电池充电，还能增加太阳能电池板的性能。还有，压电材料可以在运动、弯曲和震动中利用压强产生电量。在阿拉伯联合酋长国沙迦的美国大学的学生们为了从环境中获取能量，一直在寻找诸如体育场、人行道和繁忙的公路等环境，在这些环境中存在大量机械能和噪声能量，他们认为这些场所产生的巨大能量都还未被利用。他们还想通过研究得知声波，尤其是在嘈杂的环境中的声波能否有足够的压强产生电流为便携装置发电。

其他的研究团队也在研究将压电材料运用于新的领域和场所。例如，人们讲话或听音乐时可以给手机充电的织物，在运动时可以产生并储存电能的运动服和运动鞋，可以给电灯和小部件发电并可以降噪的内层织物，甚至还有能减少交通噪声并利用噪声能量为路灯发电的建筑材料等。所有这些应用都在开发之中，相信过不了多久就会投放市场。

另外，随着一种可拉伸且柔性的织物天线的问世，像是只有科幻电影中才有的嵌入式通讯器在不久的将来也会诞生。芬兰的帕特里亚公司（Patria）已经开发出一种不仅可以导电，还能获取和储存能量、数据的可穿戴天线。不仅如此，这种天线还能在有 GPS 定位的情况下传送和接收卫星信号。最终由其制成的眼罩还能够接打电话。就像电影《星际旅行》中的柯克（Kirk）船长一样，轻轻拍打衣服就能接打电话。

目前，这种天线可发送全球卫星搜救系统的信号。在偏远地区的滑雪者和其他冒险者通常都随身携带一个紧急求救无线电信标，以防他们与大部队失散，但这种求救电信标可能会从口袋中滑出甚至丢失。而这种天线则可以缝进衣服里，在事故发生时发出信号，确保人员获救。

免洗服装

目前从全球范围来看，节约用水是一个被高度重视的问题，人们需要降低水的使用量。全球约有 7 亿 8 千万的人无法饮用到干净的水；但在西方，仅洗衣服的用水量就占家庭用水的约 22%。

在中国，上海交通大学的龙明策教授（Mingce Long）和湖北民族大学的吴德勇教授（Deyong Wu）带领研究小组研发出了不用水洗，用太阳光照就能实现自身清洁的服装。这个团队利用了人们之前发现的能消除 UV 光伤害的钛氧化物溶液。但由于 UV 光的使用不太实际，他们又将关注点转向了太阳光。他们研制出了钛氧化物的纳米颗粒溶液使其能够被浸染到棉织物上。这种织物一旦被挤压或烘干后，就形成一层能加强其光敏感度的银碘化物。他们用橙色染料给织物着色，然后置于太阳光下晾晒。待完全上色后，经检测，棉织物表面的细菌大大减少。研究人员希望他们的发现能够引领免洗服装的发展，让使用清洁剂洗衣成为历史。

图 3.41

这款置于太阳光下就可以自清洁的衣服，能起到节约用水的作用。

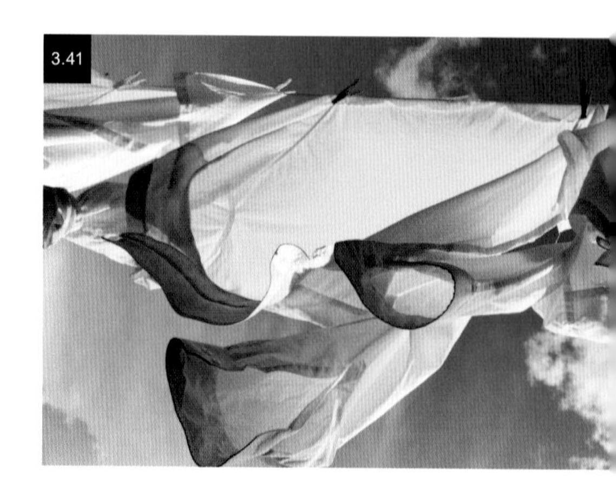

医用：防护功能与医疗作用

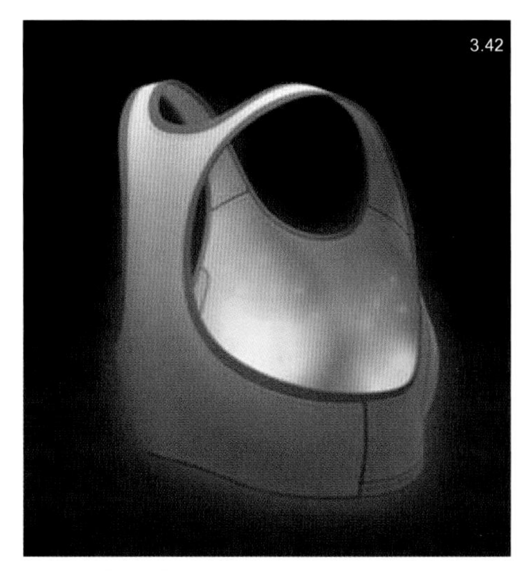

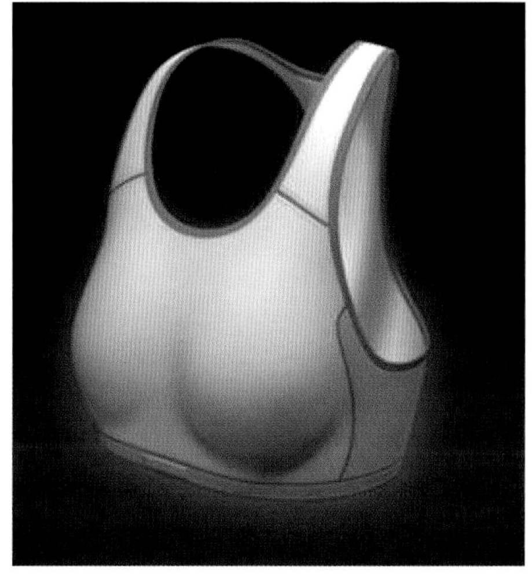

图 3.42

"预警"系统项目（First Warning Systems）研发出了一种更具私密性和有效性的文胸，这种文胸还能更准确地监测胸部组织是否受到癌症的威胁。穿上它 12 个小时，就可以监测身体微小的温度变化和胸部组织的细微变化；对于检测肿瘤来说，这款文胸要比传统的乳房 X 射线检查更有帮助。

人们希望服装能够具有多重功效，这很正常。服装不仅看上去漂亮，还要穿着舒服，甚至现在还希望这些服装能对人们的健康和幸福有益。在智能纺织品领域，发展最快的一个分支就是具有美容功效的织物。各个研发团队利用纳米技术把从润肤霜、香水、抗衰老剂和减肥剂中提取的物质嵌入到织物中。法国和意大利的一些公司是这一分支的领头羊，这种织物最初用在女性外套和女性贴身内衣裤的制作上。

除了用于美容的目的，许多智能纺织品还前所未有地用于医疗诊断、伤口护理和医疗替代方面。研究人员开发出了一种新型文胸，它可以进行乳房肿瘤的检测，从而替代传统的胸部检测和乳房 X 光射线的检查。它看上去像是一个普通的运动型文胸，但它的罩杯里连接了 16 个能够深入读取胸腔组织温度变化的微小传感器。患者需要穿上它 12 个小时，罩杯中的传感器一直在储存胸腔周围的数据，之后医生可以运用读取识别软件下载和分析这些数据，以检测穿戴者的胸部是否有异常状况。据早期测试显示，这种文胸要比当前乳腺癌的一般检测方法更准确，也更安全。

另一项值得一提的发明，是位于美国宾夕法尼亚州最大的城市费城的德雷塞尔大学的 ExCITe 中心研发的腹带式产前监测仪（Bellyband Prenatal Monitor），目前还在研发阶段，尚不成熟。它的第一个原型是 ExCITe 中心的研究团队与该大学的生物医药工程、科学、保健系统研究中心及工程学院的研究者们合作研发出来的。这是一个具有革命性的针织无线监测仪，孕妇穿着它可以在活动的同时监测子宫里宝宝的心率和压力水平。这款腹带采用了针织面料，穿着既保暖又舒适。这样的设计也有助于准妈妈们在艰辛的孕育期间得到放松。腹带中织入了可导电（热）的纱线，连接着传感器，可以通过准妈妈的腹部来监测宝宝的状况。这种无线传导技术使准妈妈们免于各种导线的束缚，舒适的纱线围绕着准妈妈们的腹部周围，在整个孕育的过程中随着准妈妈们的活动进行实时监测。

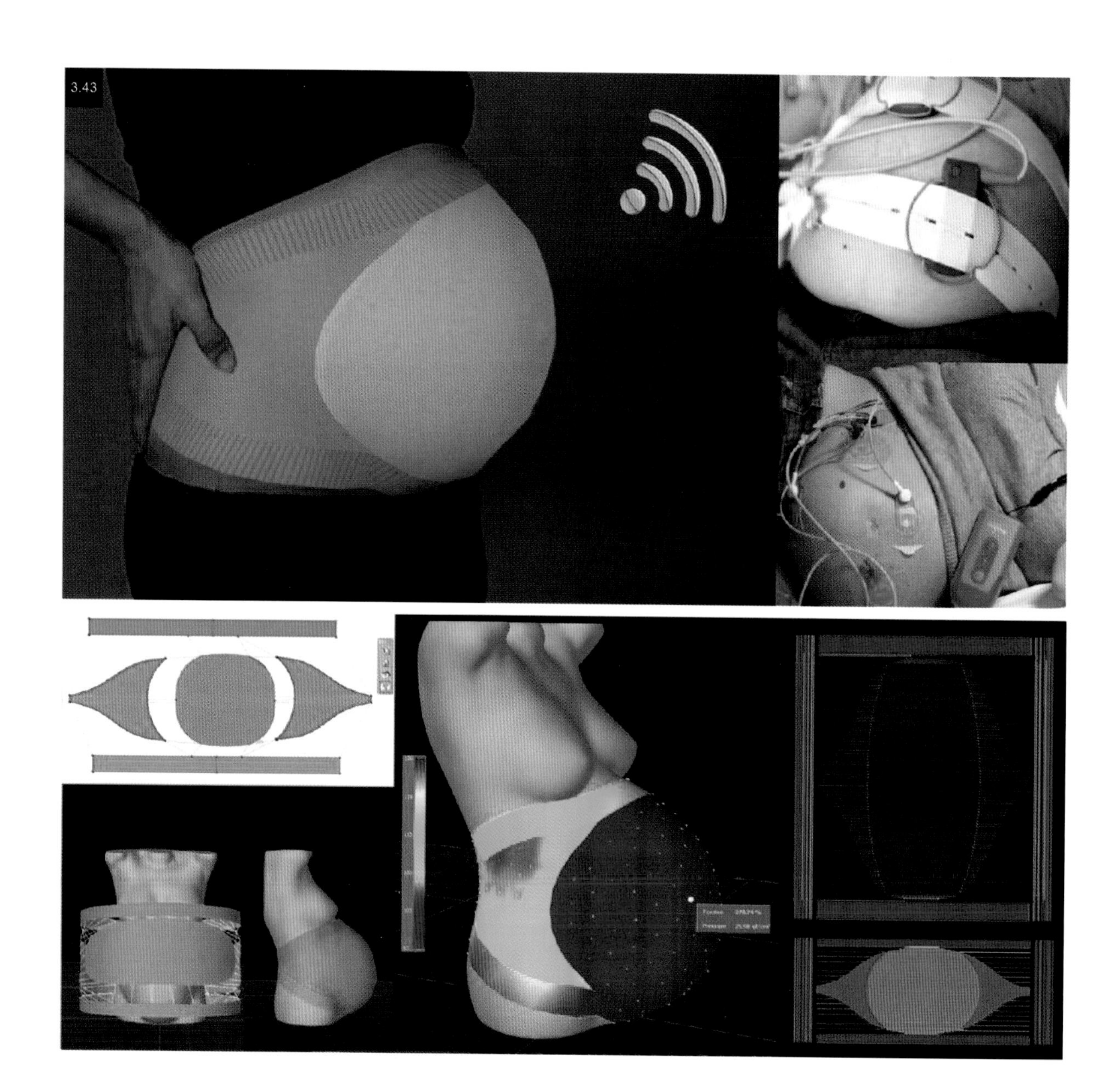

除此之外，智能纺织品还应用于医疗行业的其他领域，从手术服和伤口敷料到植入管，不断地有技术更新。例如，有药物治疗作用的智能伤口敷料，可以加速治愈伤口，降低感染的风险。由特殊的玻璃和竹纤维合成的绷带，据证实，可以使血液更快凝结，而且由于其具有良好的透气性，不会像普通绷带那样使血液凝结成块。由嵌入式的超吸附聚合物制成的伤口绷带，可以更长时间地使伤口周围保持干燥。嵌入了抗菌物质的绷带，能够防止伤口感染。

甚至有的医用绷带可以在皮肤温度升高或pH值发生变化（可能是感染的征兆）时改变颜色，以便主治医生及时发现异常。这样可以节省宝贵的治疗时间，尤其对有时效性的伤口，如烧伤。

DNA文身

DNA文身（DNA Dattoo）是一种临时文身，在不久的将来，它就会被用作医疗工具和人体界面。它能读取人体的血糖浓度、心率、

图 3.43

腹带式产前监测仪是由美国宾夕法尼亚州的德雷塞尔大学的一个研究团队研发的。它使用了具有传导性的纱线和无线传输信息的传感器，这就使准妈妈们无须连接传统的监测装置，可以活动自如。图中下面的几幅图展示了这款腹带的发展过程。为了实现针织面料的设计，设计者们用电脑模仿出了虚拟的缝合过程。

图 3.44

使用智能纺织品的医疗装备（如有超吸附性能的聚合物嵌入式绷带）有助于伤口愈合得更快、更好。

pH 值和其他数据。这种临时文身是根据人体不同的 DNA 印制的，作为一个身份标识使用，当不再需要它时，就可以把它清洗掉。这种文身被设计成一个有动态触摸界面的有机发光二极管监控器，整个监控器的所需能量由带有文身的人体自身提供。

“未来战士”（Future Force Warrior）是一个能保护和诊断军人伤情的军装设计项目，这是一个完整的 21 世纪步兵战斗装备系统的研发项目。这个项目是美国军队早在十年前就着手开展的一个系列项目的一部分。这个项目包括“陆地勇士”（Land Warrior）、“士兵一体化防护套装”（Soldier Integrated Protective Ensemble）和“美国军队变形装备”（Transformation of the US Army）等项目。若士兵在战场上受伤，这种军装的特殊面料将能监测伤者的生命体征和中弹伤口，从而预测出伤口的深度和伤口对周围身体组织器官造成的影响。面料上的传感器还能监测穿着它的士兵是否处于化学、生物、放射、核辐射及爆炸物质的环境中。这种军装通过监测士兵的血液、唾液、汗液和尿液指标以实现这些监测效果。

这款军装除了有上述的功能外，还设计有最先进的轻型身体护甲，可以把子弹的影响力分散到一个更大的区域中，从而减轻伤者的伤势（如肋骨断裂等）。而且，士兵还能利用随身携带的电脑，借助所在地的广域网实现网上联络。电脑所需的线路盘在士兵的服装和头盔里，该线路上还安装有能监测颅内震动的传感器，以替代麦克风。每个士兵都可以实时地与其他设备、航空器和战友共享声音、数据和视频等资源。

不仅如此，士兵随身携带的电脑还能跟踪记录他们活动时所有的生理数据图像，例如站立或俯卧时，甚至喝水时的身体核心温度、皮肤温度和心率。而且，利用军装和头盔记录的数据，医生还可以实现对受伤士兵的远程治疗，从而能阻止应激损伤并争取宝贵的最佳治疗时间。

如今，“未来战士”项目将智能纺织品与可穿戴技术相结合，创造出了用于军装的最先进的可穿戴通信系统。

4

第四章
设计者与设计过程

你是否曾经想要透过设计师工作室的窗户去看看他们在干些什么？或许在你酝酿自己的设计时，加入他们的设计团队一段时间，就能从他们的设计过程中获取一些想法或技巧为你所用。对于设计师们来说，观摩其他人的设计过程或许是最好的学习方法。每位设计师解决问题的方法、选材、构思的设计理念和设计方案都是独一无二的，但又有很多相似之处。洞察力、构思能力、视觉想象力、创造力、原型设计能力、观测力和陈述力是每位设计师都必须具备的能力，但每个设计领域的侧重点不同，实现操作的方法也各不相同。

通常来说，每个设计领域都会带来独特的解决问题的方法和设计过程。一个时装设计师和一个优秀的艺术家会持有不同的观点，从而孕育出完全不同的设计方案。在使用新材料和新技术时，观摩别的设计领域的人如何设计作品会使我们受益匪浅。我们也许应重新思考传统的设计方法，运用新技术去设计作品，这可能需要设计师掌握新的技巧或不熟知领域的新知识。

在本书的这一章中，我们将研究五个设计方向的富有创造性的设计过程。这五个方向分别为工业设计、艺术设计、时尚设计、建筑风格和工程技术。每个方向都采用不同的方法构思、创新和使用智能材料。

对于每个方向的案例研究，能让我们详细地了解每个领域对智能材料的不同运用。其中，有许多是可穿戴技术的应用。

你会发现很多优秀的设计师都提倡合作，强调要与其他领域中有专长的人共同参与设计。跨学科研究是当前最流行的词汇。在工作室里，设计师、工程师和艺术家团队能展示出各自不同的技巧和方法，然后互相学习、不断创新，设计出新产品、新风格和新服装。观察那些有特点的设计师、优秀的艺术家、建筑师和工程师的工作室，使我们获得了他们使用智能纺织品的第一手资料，从而指导自己的设计实践。

工业设计——基于用户需求

工业设计师们关注的焦点是谁将使用最终产品以及为什么使用。他们知道必须深入了解产品的使用情况，并且还经常反思使用一个产品到底意味着什么。他们通过对一个产品设计的反思来重新审视整个系统或重新定义整个产品系列。关注用户的日常活动和遇到的问题，是工业设计师们设计的源动力。为了最终能够满足用户的需求，设计师必须以用户为中心，设身处地地为他们着想。因此，工业设计方式是基于用户需求而产生的。

很多规模比较大的产品设计公司都有自己的研发团队，通常是由设计师、人类学家和研究人员构成。在设计过程中，他们通力合作，建立设计方案诞生的标准。这个过程中的驱动因素就是深入观察，当然，个人丰富的经验会使研发过程更加顺利，但基本原则还是要考虑服装或产品的最终用户。因为“互动设计”这个概念关注的是用户和产品之间的互动，这正是设计师们在设计方案时应该关注的焦点，因此，工业设计以用户需求为中心。

举个例子来说，很多运动服装公司都由运动员创立，或者都吸纳精英运动员作为员工，并且在他们的产品发展和销售过程中逐渐形成一种运动文化。这是因为运动员往往真正参与过一些运动项目，尤其是高水平的竞赛，这会使他们更加关注运动员的真正需求。

小结

对于致力于工业设计的设计师们来说，聚焦于用户的需求能使他们在整个设计过程中迸发出有创造力的想法。在后面的案例研究中，工业设计师们正是基于用户的需求，开发出了一系列新型的智能纺织品。“用户感受至上”的坚定原则是每个产品设计的决定性因素。正如可爱电路公司（CuteCircuit）的设计作品所展示出来的，虽然这些作品没有忽视美学，可以看得出美学元素相当重要，但设计的最终落脚点还是放在了用户的感受以及产品使用的经验上。

米歇尔·史丁柯（Michele Stinco）

多彩实验室（Polychromelab）

米歇尔·史丁柯的位于瑞士的多彩实验室专门设计户外服装，其设计宗旨就是满足客户的实际需求。米歇尔·史丁柯是登山爱好者，令他倍感苦恼的是目前市场上销售的专业登山服根本不能适应阿尔卑斯山气温的动态变化。阿尔卑斯山的气温忽冷忽热，时而极其炎热，时而又比较寒冷，而且天气预报也不十分准确。有时，出发时的气温是 18℃，而到达山顶时，温度可能仅有 −29℃，再加上山顶往往风大，会让人感觉更加寒冷。史丁柯说道："其实，白天无论你是在大山还是城市里，气温的变化都会比较剧烈。过去，一些大型服装公司总是说他们会在不久的将来开发出能够满足实际需求的服装，但实际上每次推出的服装仅是在设计或面料的重量上做了细微改变。"

为了找到更好的登山服，运动装设计经验丰富的史丁柯列出了许多理想的登山服应该具备的特殊功能。例如，要能保持人体的干燥，要有良好的透气性、延展性，还要有防水和抗磨损的功能等。此外，他还想使登山服能在天气凉爽时吸收热量、天气暖和时反射热量以达到使人体能够适应任何天气状况的效果。明确了这款登山服要实现的功能，他的下一步就是进行"可行性研究"。史丁柯解释道："我们曾在不同的天气状况下测试了现有的产品和面料。我们不断地测试，不断地跟面料供应商交流，这样过了一个月的时间，我终于找到了能帮助我实现所有要求的材料。"

最终，史丁柯决定要研制一种三层面料。他说："现有的许多三层面料与其他面料比起来，更注重外观、穿着感和防水性，而往往忽略了面料的物理性质。在我的设计过程中，最艰难、最具挑战性的部分就是要找到最适合制作里外两层面料和中间夹层的成分，之后就是将它们一起压成薄片，以实现对 UV/IR（红外线和紫外线）的吸收和反射的功能。"

原型设计

在选用的面料确定之后，史丁柯开始为他的名为阿尔塔寇塔（Alta Quota）的登山服进行原型设计。他绘制出了这款夹克的素描草图，并且设计完成了详细的工艺图。为了找到合适的生产商，他先在澳大利亚和德国的一些公司进行了诸多实验，之后，又转而去了意大利，在那里他找到了能合作完成此项目的生产商。

有很多原因支撑他作出这个决定。史丁柯解释道："我是意大利人，因此在意大利我会更有可能制作出一些新颖且独特的东西。在澳大利亚和德国，实现这个设计的过程有些呆板，制作出来的成品不是很有创造力，但质量很好。意大利人的生活，可以说混乱而且难以操控，但这种'灵活性'对革新性产品的设计很有帮

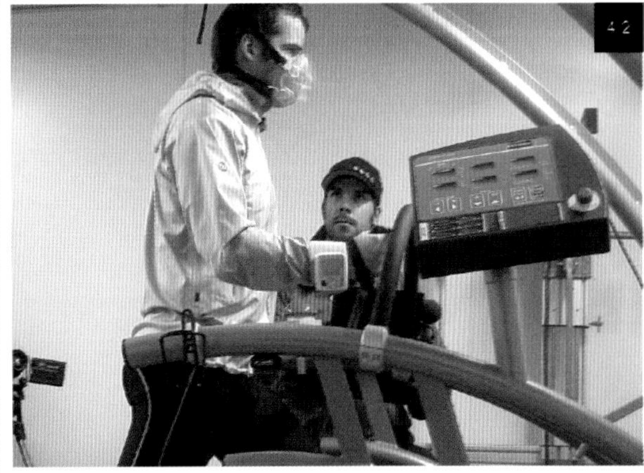

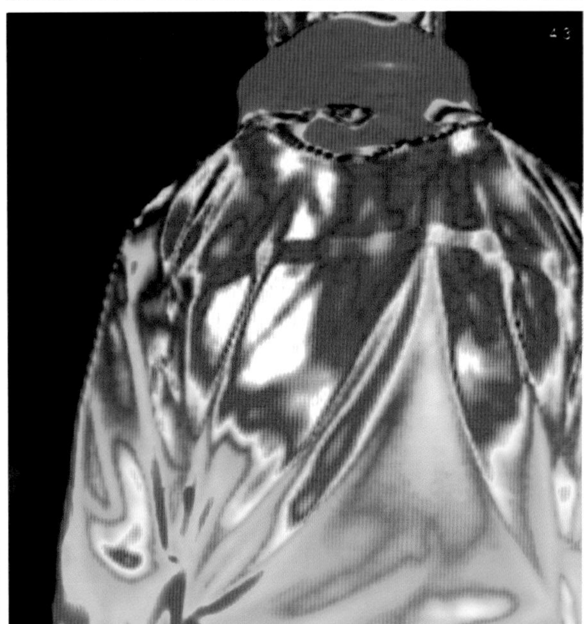

图 4.1

多彩实验室研发的阿尔塔寇塔登山服是第一件能适应登山时极限温度变化的轻型登山服。通常登山大本营和山顶的温度差有 10℃左右。

图 4.2

图中展示的是，利用跑步机测试服装面料的透气性和对人体体温升高做出反应的能力。

图 4.3

罗恰罗萨仿生夹克（Roccia Rossa Bionica jacket）采用了热电影像技术，荣获 2014—2015 年度国际体育用品博览会大奖。夹克蓝色的一面可以百分之百吸收紫外线，并且能反射 45% 的红外线，这样就能保证在野外探险过程中休息时和处于温度较低的环境中时，人体依然可以保持适当的温度。

图 4.4

多彩实验室研发的智能纺织面料接受了公司在克鲁格泽山面料研究实验室的检测，那里的风速可达 264 千米 / 小时（164mph）。测试用的人体模型得用绳固定好。

4.5

助。”然后他继续解释道：“澳大利亚是科学的世界，在澳大利亚的因斯布鲁克有体育科学研究所和纺织化学研究所，还有多恩比恩纺织物理研究所，我们的科学实验室也在这个研究所里。”因此，史丁柯选择在意大利进行原型设计，在澳大利亚做实验。这种面料的研制和原型设计耗费了整整两年的时光。

不只是面料

除了面料的特殊性以外，阿尔塔寇塔登山服在其他方面也力求革新。这款登山服很独特的一点就是采用了可以正反两面穿着的面料，一面是黑色，另一面是反光银色。在设计过程中，他们曾面临的一个具有挑战性的问题是如何使用胶带密封反光银面的接缝处。史丁柯在所有细节上都力求完美，因为登山服的每一处都能够被看到，无论是符合人体工学设计的口袋，还是拉链的质量等。这款登山服设计还关注了自身的碳排放量，包括记录从面料生产地到商店货架 500 英里（800 千米）的距离。从面料研发到制造方式和地点，每个细节都在设计过程中体现出来。

对于多彩实验室来说，设计过程的保密性是很重要的。他们耗费了数年不断地进行原型设计和实验才研制出了达到完美水平的面料，并且已经申请了该产品的专利权。对于史丁柯来说，设计过程中最大的困难是寻找可信的面料供货商和能够生产这款登山服的生产厂家。他承认，最初他没有特别注重这款登山服设计的保密性，结果一个德国的制板师对公司造成了几乎致命的打击。但现在，有意大利的面料供货商作保障，他们已经开始了第二种技术面料的研制，多彩实验室显然已成为特种技术性服装生产领域的佼佼者。

要验证面料和设计的功能是否完善，测试是很重要的。史丁柯和他的设计团队在不同的环境和各种条件下，对阿尔塔寇塔登山服进行了科学检测。

史丁柯在回忆阿尔塔寇塔登山服的设计过程时，说道：“其实，我们都很明白，整个研发项目就是个问题。要解决这个问题，我们必须复合成一种三层面料，并设计出一款登山服，还得寻找信得过的材料供应商，摸索寻求合适的成分，招商引资，还要能与用户进行良好的沟通，以便人们既能了解这不仅仅是一件兼具银色和黑色的双面登山服，也能理解我们所说的纺织物理技术。所以说，要解决这样的一个大问题，我们先得把其中很多的小问题解决了。”

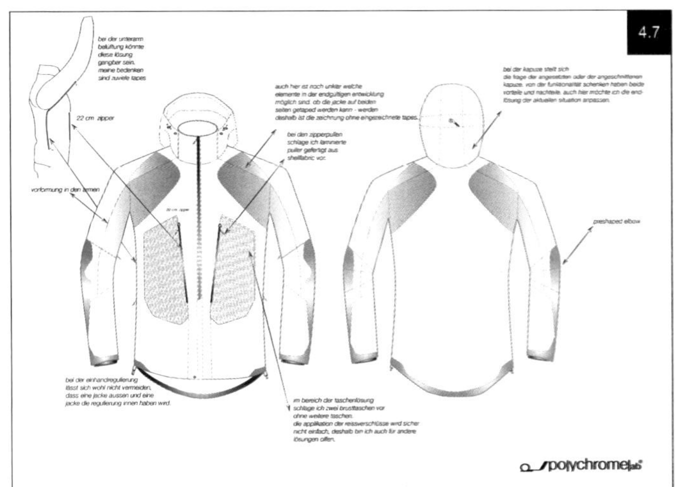

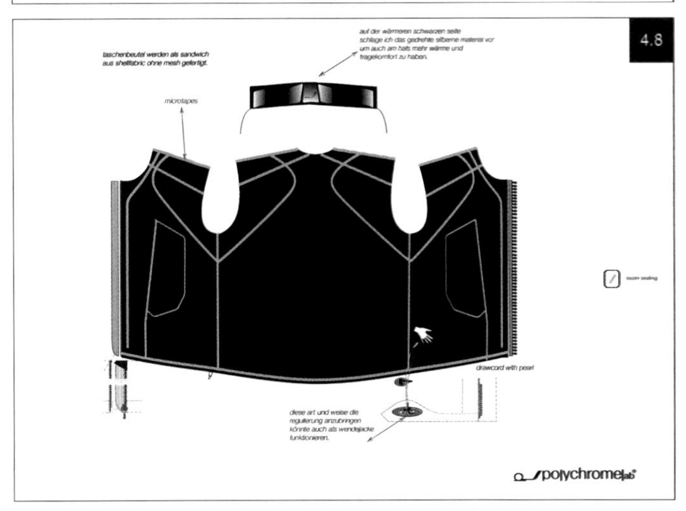

图 4.5

多彩实验室的创始人——设计师米歇尔·史丁柯和总经理伊丽莎白·弗雷（Elisabeth Frey）在一起讨论功能服装的研发过程。

图 4.6

这是专业化的设计师团队以最高的标准对阿尔塔寇塔登山服进行合适的裁剪、功能检测和生产的过程。该登山服用时两年才研发出来。

图 4.7 & 图 4.8

这些设计草图展示了这款登山服颜色较浅的一面与颜色较深的一面的设计风格的线条和构造。为了设计出完美的双面功能登山服，设计师在服装的接缝和门襟的设计上运用了独特的方法。

图 4.9

阿尔塔寇塔登山服的两面利用外界的温度来帮助控制体温。深色无光泽的一面在较低温度的环境中可以吸热；当外界环境变得暖和时，可以反过来穿，反过来的浅色面可以反射太阳光和紫外线，从而能使身体保持凉爽。

4.10

弗朗西斯卡·罗塞拉（Francesca Rosella）

可爱电路公司（CuteCircuit）

弗朗西斯卡·罗塞拉为可爱电路公司设计了许多产品，其引领了当今最受认可的可穿戴技术和电子服装的发展。可爱电路公司创立于英国伦敦的肖尔迪奇区，罗塞拉与其合作伙伴赖安·根茨（Ryan Genz）一直致力于为舞台表演者、服装店和一些成衣系列研发交互式服装。在他们众多的设计成果中，最突出的一个项目就是“拥抱衬衫”（The Hug Shirt™）。

罗塞拉和赖安·根茨一直在寻找一种能将人们相互联系在一起的可穿戴技术，他们希望这种技术能人性化地体现人们的一些简单的需求，如接触。对此，罗塞拉解释道：“我们曾与人们探讨过他们喜欢的一些东西，得出的结论就是人们真的需要被拥抱，这是一种简单的身体接触。这样，我们就思考如何在服装设计中体现这种人与人的接触感，因此我们决定设计一种可以让人有被拥抱感觉的服装。”

测试

罗塞拉和赖安·根茨通过测试来研究和分析人们“被拥抱的感觉”，他们希望能从最终用户的角度进行这个项目的设计。罗塞拉回忆道，“我们经历了很漫长的设计过程。首先，我们把不同材质的东西分发给人们，如小塑料球，还有像小毛绒玩具一样的小东西，让他们触摸，然后说出对每一种材质的触摸感以及喜恶的评价。”通过这些测试，他们发现不同质地的材料给人们的触摸感也不尽相同，而人们会以此来判断这种材质在拥抱时是否能带来温暖的感觉。因此，罗塞拉和赖安·根茨就根据这些测试的结论去寻找能够用于服装设计的面料。

随后，他们根据之前所做的调查又做了更加深入的相关研究。他们在一间屋子里聚集了50个人，让每个人试穿一件白色的T恤。罗塞拉说：“这好似一个大型的‘身体风暴’讲习会（相当于‘头脑风暴’讲习会）。我们让那50个人互相拥抱很长很长时间，在他们拥抱时，我跟赖安用红色标记记录下拥抱人胳膊搭在对方身体上的位置。”这项研究为将来基础模型设计中“拥抱”传感器和执行器的放置位置做了早期准备。

罗塞拉还说道：“根据目前的设计，衣服上有白色和红色两个区域。红色区域就是人们拥抱时接触最多的部位。与其说这是一项设计，不如说这是一项对身体活动方式的研究，真的很有趣。我们是这样理解的，但毕竟我们将进行的是一项正常的时尚服装设计。设计过程基本上是这样的：首先询问人们喜欢穿什么，通过分析获取不同的答案，然后将我们觉得最好的一种服装材质运用到设计中。总的来说，其实每个人都参与到设计中了。我们尽量通过这样的设计过程，给予用户和设计师本人一种成

4.11

communicate playful messages or vital information.
Medical conditions are easily communicated by clothing,
which could help protect soldiers in the field, seniors
living alone and athletes pushing the limits.
Interaction design switches the focus from humans interacting
with computers, to humans interacting with humans through
technology. CuteCircuit is developing clothing and a variety of
products with embedded technologies that respond to your
needs and desires – including a shirt that can give you a hug,
gloves that exchange messages during a handshake, and a
dress that can make a phone call.

4.12

4.13

图 4.10

这件“拥抱衬衫”是由可爱电路公司于 2002 年研发出来的，是世界上首件嵌有触摸式电子交流装置的服装。可以通过这件衬衫给远方的挚爱送去拥抱。

图 4.11

可爱电路公司的“猫服”系列（Catsuit）是专门为凯蒂·佩里（Katy Perry）2011 年拍摄《美国偶像》（*American Idol*）而设计的。它的配饰是由发光的交互水晶制成的。

图 4.12

“银河裙”是“超前——未来设计”项目的主要设计产品，目前这条裙子陈列于芝加哥科学与工业博物馆中。在这条裙子的丝线上缀有许多超薄的彩色像素点，裙子的设计贴合了人体的轮廓，并尽可能采用常见的面料。

图 4.13

这是为具有传奇色彩的 U2 乐队 360° 世界巡回演出而专门设计的四件黑白色的皮夹克。每件夹克上都镶有 5000 多个发光像素点，它们可以同步呈现独特的设计及图案。

就感和人性化的体验。”

罗塞拉和赖安·根茨在伊夫雷亚交互设计研究所（Interaction Design Institute Ivrea，临近意大利都灵的一个专注于交互设计研究的研究所，现与米兰的多莫斯设计学院合并）做研究员的时候，就开始产生将人们相互联系在一起的这一设计理念。罗塞拉深信时尚与技术的结合能创造出其称之为的“人际交互”（Human-Human Interaction，HHI），这是由“人机交互”（Human-Computer Interaction，HCI）演变出来的说法。

罗塞拉又说道：“我们想要的是不借助电脑，也可以让人们互相直接联系的模式。未来，电脑将从我们的生活中消失，我们会通过‘接触面’交流。假若你在某地触摸了一下‘接触面’，你想要的信息就会立即呈现；假若你站在同一个屋子里，其他人就能通过他们衣服上的‘接触面’知晓你是谁。我们就是想实现一种更好的人与人之间的联系的感觉。当然，有些人认为可穿戴技术只是复制已存在的人们非常熟悉的现代交流工具的‘界面’。其实，我们想实现的是在任何地方人们的交流都不再需要键盘和显示器。我想强调的是，我们不必复制早已存在的东西，甚至我们将消除此类‘复制品’，创造一种更能自动反映穿着人意识的新的交流方式。”

受这一理念的驱使，可爱电路公司专门为舞台表演者设计了特殊的服装产品。2011 年，可爱电路公司专门为意大利歌手罗拉·普西妮（Laura Pausini）的世界巡回演唱会设计了一套演出服装。普西妮在演唱流行歌曲“Invece No”时，穿上一套着实让人惊艳的服装来衬托。马克·费舍尔（Mark Fisher）是英国建筑设计师，曾因担任 U2 乐队、平克·弗洛伊德乐队（Pink Floyd）的演唱会和太阳马戏团（Cirque du Soleil）等的舞美设计而闻名。

罗塞拉详细地描述了他们的设计理念，说道：“普西妮的演唱会是在一个巨型的演出舞台上进行的，有主舞台，还有用来与观众互动的副舞台。我们设计的演出服装就是想要产生一种让普西妮飞舞在观众头顶上的感觉。”

为了能从观众的角度来处理该服装设计中的一些问题，罗塞拉想把服装设计得更魔幻一些。她想要观众真正融入演出的整体环境之中，让他们有一种从未感受过的体验。她说道：“表演者想找寻一种与观众深入互动的感觉，这不是仅仅要把歌唱好，还要让观众感觉到他们也在参与演出，这就意味着，歌手不仅仅是尽兴歌唱，还要与观众们一起玩的开心。”

罗塞拉团队最终设计的服装成品是一条长达4.5米，装饰有LED灯的连衣长裙。设计师们用了长达50米的丝绸来制作这条裙子。当普西妮在舞台上空飞舞时，她的裙边会时不时地触碰到观众。她用一只巨大的翅膀将自己悬在观众席的上空，然后她可以用腿来撩动长裙。当这种轻薄的丝绸面料飘动时，其间嵌入的LED灯就会闪闪发光。罗塞拉还记得当她看到普西妮好似一只“水母”一样升起时的激动心情！

通常，当可爱电路公司的设计人员确定了复杂的设计后，他们就得运用大量的技术知识来设计成品，通过反复实验才能获得他们想要的理想效果。他们公司设计的第一条连衣裙，名为“银河裙”（The Galaxy Dress），一直陈列在芝加哥科学与工业博物馆中，这是可爱电路公司首次使用微型LED灯覆盖制作的面料。整条裙子的面料是可导电面料，通过纯手工刺绣的方式将微型LED灯植入其中，当时耗费了六个月的时间才完成。

嵌入LED灯的面料

在研发出“银河裙”之后，罗塞拉和赖安·根茨很快就决定要研发他们自己的服装面料，他们希望这种新型面料所使用的LED灯和电路更简单、发光更快。最终，他们决定设计一种双层面料，将LED灯嵌入面料的里层。这种嵌入LED灯的面料可以更加灵活地运用到各种设计中。罗塞拉称这种面料中的LED灯的空间为“大脑”，这个所谓的“大脑”其实就是一个可以控制面料发光系统的“迷你电路”。

罗塞拉解释说：“这个‘大脑’是这款面料的智慧所在。通常，一件衣服是由多块含有发光模块的面料构成，每个模块都是一个极小的‘大脑’，它们各自控制一块面料的发光系统，同时又连接在一起形成一个更大的面料展示屏。”面料里层有一个更大的操控系统控制着这些发光模块。罗塞拉团队设计出来的这些没有导线盘于其中的面料可以适应人的体型所需，随意裁剪和缝合。对这种新型服装面料的精心

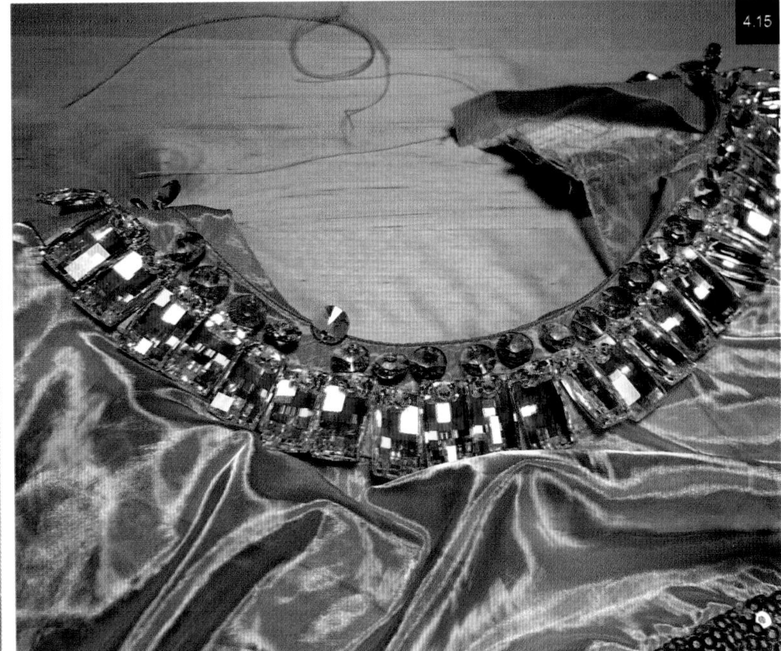

图 4.14

弗朗西斯卡·罗塞拉专门为可爱电路公司的项目构思设计素描图。她和她的合作伙伴赖安·根茨正致力于研究如何将电子与服装设计完美融合。

图 4.15

图中裙子上的珠状缀饰的设计也是在工作室中完成的。每一颗珠子都可以通过 LED 灯来发光，并利用智能手机或控制装置通过专门的设计软件来控制。

图 4.16

可爱电路公司设计的“拥抱衬衫”上嵌入了传感器，可以感受到触碰的持续性、强度和部位，并且还能将信息传输给其他衬衫上的执行器。

4.17

图 4.17

这是专门为歌手罗拉·普西妮设计的一件长达 4.5 米的可发光的长裙。它从头到尾缀饰了 5670 个可发光像素点，可以随着普西妮歌曲的旋律变幻，使裙子呈现出不同的图案。

图 4.18

这是设计师弗朗西斯卡·罗塞拉和赖安·根茨在一个作品展示会秀台上的合影。他们都是伊夫雷亚交互设计研究所的设计员，已共事 10 多年了。

研究耗费了可爱电路公司十多年的时间，最终趋于完美，现在公司已经为这项技术申请了专利。

在整件作品原型设计的每一个阶段，设计人员都要十分注重细节，因此，找到合适的合作者不是一件容易的事情。罗塞拉回忆设计过程时，说道："负责技术的工程师们想要更加突出功能性的电路，而设计师却想要小巧可爱的电路。赖安·根茨对这样的分歧感到很沮丧，因此，他开始学习电路设计。最后，我们就真的自己设计出了想要的那种电路。""其实，在最初的原型设计时，工程师就提出了一个电路设计方案，那是一个 3 英寸见方，很厚且不怎么好看的电路。我们对那个工程师极力解释说，我们要设计的这个作品叫做'拥抱衬衫'，要给人以拥抱的感觉，因此，它应该是小巧可爱型的。后来，我们想要一个心形的电路，而那个工程师不同意。但最终我们自己设计出了这样的电路。它真的是一个心形的、红色的，如果在灯下仔细观察，就会看到它是由铜丝围成的蝴蝶形的轮廓。"鉴于过去这些设计工作中的经验和教训，现在罗塞拉和赖安·根茨的原型设计全部由他们自己的团队进行。

罗塞拉说，"无论是给舞台表演者设计服装，还是设计'拥抱衬衫'这样的作品，可爱电路公司一直关注的是如何将人们联系在一起，共享服装带来的魔幻感。设计师追求的应当是能让人们怦然心动的作品。当今的世界，人们习惯了每天的生活让不同且繁杂的事情狂轰滥炸，想让设计出来的作品触动人们的内心不是一件易事。我个人在工作室进行设计时，最喜欢的一个设计过程就是最后一针的缝合。当模特穿上设计好的服装，然后衣服上的 LED 灯点亮，那个场景真的是很触动我。而且，我也能感觉到在场的每个人都十分感动。作为设计师的我们，自豪之情油然而生。"

艺术设计——基于理念

艺术家就是要创造出能挑战观众审美并且能调动他们思维的艺术作品。理想的艺术作品就是能激发人的想象力、引人思考或仅仅是引人入胜。艺术就是将意义与形式融为一体。很多出色的艺术家已经开始使用智能纺织品创造能实实在在体现当今科技、通信和隐私问题的艺术作品。这些作品往往可以让普通大众亲身体会新兴科技为生活带来的变化，而不仅仅是像过去那样只能在媒体上看到。在大众艺术展览上展出的作品都使用了智能纺织品，让观众直接体验到一种惊人的交互感，这种交互体验可以将观众与艺术联系起来，从而与体现这种艺术的材料联系起来，消除了实验室研究作品与实际消费品之间的差异。

艺术作品本质上是概念化的，艺术家通过创造出来的装置、表演用品或雕塑等有形的实物来体现新工具或新方法。艺术家将他们的理念变为现实的关键就是要找到并利用好那些能实现他们理念的合适的材料。他们的设计过程就是将完全了解了的一种新材料的性质与他们要表达的作品理念结合起来。所以，艺术设计基于理念，体现于材料。

对于艺术家和设计师来说，似乎设计过程都是开始于一个表面上看起来很随意的实验。其实，这样的实验往往体现着一系列的想法，运用着不同的技术。在不断实验的过程中，他们的某些想法或面临的问题渐渐成为了研究的核心，也会不断催生出另外的问题或想法，这些都会变成他们解决问题的驱动因素，迫使他们不断探索。可以说，每件艺术作品的诞生都在检验着艺术家们的某些观点，同时，还能使他们产生一些新的观点，有待在未来的设计中进一步探索。

这样的循环往复是创造性设计过程最重要的一个方面。艺术家或设计师无论在什么领域工作，由实验、评估和想法不断发展（不断吸取经验教训，构思新想法的过程）构成的设计过程才是成功作品背后的真正驱动力。

小结

艺术家对一个设计理念的探索要通过使用各种各样的材料来表现，并找到解决一个具体问题的一系列方案。他们运用的材料包罗万象，有普通材料，也有新材料。因此，艺术家的作品能反映现实生活中的一些东西。对于观众来说，艺术作品就是艺术与他们现实体验的结合；而对于创造者来说，艺术作品就是设计师或艺术家心血的一点一滴的堆积。在这个小节里，我们将用两个真实的来自于对材料不断探索和研究的案例展示与众不同的设计方案。

两位艺术家一直跟随着科技不断发展的脚步，使自己的事业不断达到新的高度和水平。例如，芭芭拉·莱恩（Barbara Layne），出于对服装面料的永恒喜爱，她的作品将先进科技与面料结合在一起；还有麦琪·奥思（Maggie Orth），她提出了很多关于可持续性发展和科学技术的问题，她不使用电子面料的这一决定无疑会使人们对这一问题产生更深入的思考。毕竟，作为设计师的我们有责任去了解所使用的材料的产地，生产方式以及对周围环境产生的影响。

芭芭拉·莱恩（Barbara Layne）

萨博特拉工作室（SubTela）

芭芭拉·莱恩研发的交互式纺织面料将传统材料与电子技术融为一体。她是萨博特拉工作室（SubTela）的主管，还是加拿大蒙特利尔康考迪亚大学的纤维学教授，主要进行交互式纺织面料的研发，还在“嵌入式电脑研究中心”和“研究媒体艺术与技术创新的康考迪亚六线型研究中心”做相关研究。莱恩的研究受到加拿大艺术委员会、加拿大社会科学和人文研究委员会以及魁北克的文字艺术委员会等众多重要社会基金的支持。莱恩的作品在全世界展示。自从电子面料问世以来，莱恩就一直从事与之相关的装饰设计，并且将继续进行这方面的创新和探索。

“文化载体”

莱恩将她自己描述成一个喜欢用纺织品来表现自己的人。她认为纺织品就是“文化载体”，如何利用服装传递信息激发了她的研究兴趣。基于此，她提出了一系列推动设计研究的问题。例如，“纺织品发展的下一步会是什么?”“怎样的纺织品才能最好地展示我们这个时代?”她的回答是：“运用数字技术。”她把自己全部热情投入到了将嵌入式技术运用到纺织品中的实验。她说：“我对如何将纺织面料的X轴和Y轴，也就是经线和纬线，与电路板连接在一起十分感兴趣。”

莱恩早期的工作就是一直不辞辛苦地手工将导线和LED灯编织在一起，为了将它们很好地连接并织入纺织面料中，莱恩必须不断移动那些LED灯的连接线，同时不断更新与改进导线的路线。这样等面料织制好，莱恩通过裁剪缝制将面料制成衣服。制作一件这样的衣服需耗费差不多六个月的时间。后来，莱恩花费了五年的时间将这个编织过程进一步精细化和完美化，其间进行了难以计数的实验。莱恩描述她的设计过程时，说道：“手工编织过程是很慢且要求精确的，因此无法很快完成作品。如果想快点的话，就得运用很多捷径并使用现成的纺织面料。虽然这个手工编织的过程漫长且辛苦，但我们却能从中学到很多东西，我们需要这些知识来指导设计实践。例如，我现在十分清楚在确保不短路的情况下，怎样运用非隔离导线来编织单层的纺织面料。因为我们通过辛苦的手工编织过程，知道了面料编织时如何操作才能使嵌入的东西不互相碰触。”

莱恩设计的独特之处就是她可以找到并运用不同类型的设备来创造她所需要的电子纺织面料。她谈了很多关于新设备和部件的话题，这些新设备和部件改变了她的设计方向或研究方向。例如，过去将传统的LED灯上的导针替换成导线支架是相当费时的，但后来她发现有一家公司能生产带有微型孔洞的LED灯，顺着

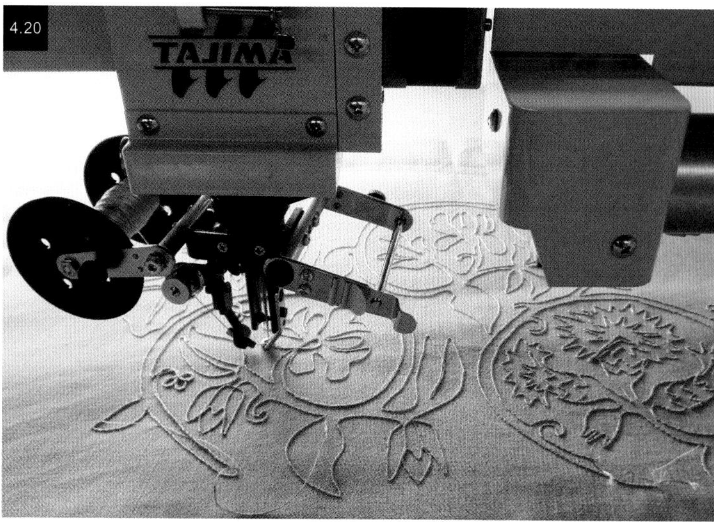

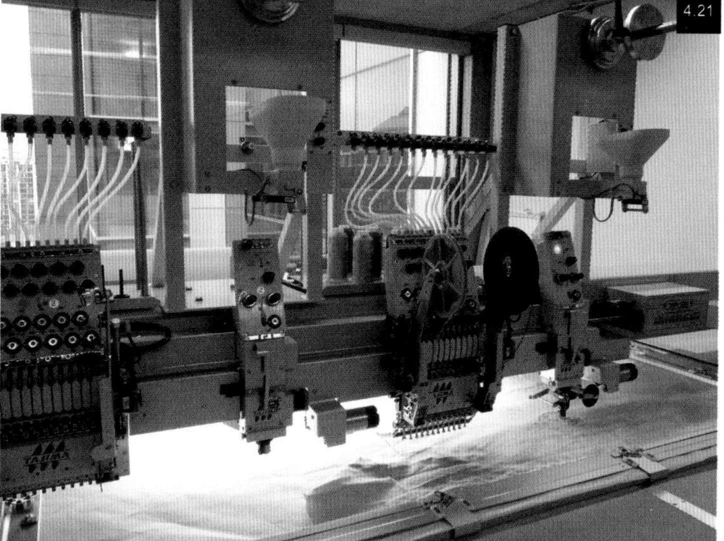

图 4.19

设计师芭芭拉·莱恩为了创造出独特的“电子纺织面料”，在一些普通的纺织面料上刺绣复杂的电子花卉图案。

图 4.20

这是日本田岛生产的铺设机，类似于一台刺绣机，用来将纱线或缎带刺绣到现成面料的表面。

图 4.21

芭芭拉和她的设计团队在应用田岛铺设机铺设导电材料。

图 4.22

芭芭拉使用的纺织面料都是用导线和LED灯手工编织而成的。起初，她必须改进现有的LED灯才能将它们顺利地织入面料中；而现在，她采用的是极小的珠状LED灯，上面的小孔可以让导线直接穿过。

4.23
4.24
4.25

图 4.23

这种嵌入了 LED 灯的纺织面料可以被裁剪并缝制成衣服。芭芭拉 · 莱恩设计的“电流卡拉莫”（Currente Calamo）系列作品就采用了这种电子纺织面料，它运用数字交流技术，可以在每件衣服上呈现不同的文字。

图 4.24

除了能呈现文字以外，这种发光面料还能展示各种数字和标识。在不使用的情况下，面料上的 LED 灯看上去就像玻璃珠或金属装饰片一样。

图 4.25

近距离观察，可以清晰地看到管状的 LED 灯被缝进了纺织面料里。

这些微型孔洞就可以使导线穿过，这使她运用 LED 灯时，与穿珠子或使用金属片饰物是一样的过程。最近，莱恩买了一台能自动在纺织面料表面铺设导线、导线和其他材料的日本田岛产的铺设机，这样就不用再使用胶水来黏合不同面料层中的导线或电缆。这台机器使用一种叫做“挑绣”的刺绣技术，可以使纱线和其他材料遍布底层面料的表面，并用相同或不同的纱线将它们固定在合适的位置上。莱恩说：“这台机器就像是一个顶部装有吐线机的巨大的桌子。功能与刺绣机很相似，可以使导体材料被织入所谓的‘主面料’表面的合适位置。”莱恩将这台机器看作一个“新鲜物件”，是她进一步实验的基础条件，这样，她所期待的别出心裁的作品就有可能实现了。

因为莱恩不是时尚设计师，所以她的设计是围绕着她的理念来完成的。她说：“我的设计过程通常都是先产生一个想法，总的来说这就是我的设计理念。接下来就是怎样设计一件能体现这个理念的连衣裙或夹克。我是用服装样板来迎合我的设计理念的。我本身不是样板师，因此我需要买一个样板，然后对其进行改动以迎合我的设计理念。我必须承认，我们是一个设计团队。例如，我与电子工程师何塞姆 · 克石耐维斯（Hesam Khoshneviss）的合作已经八年多了。每次我们买来样板后，他就会开始致

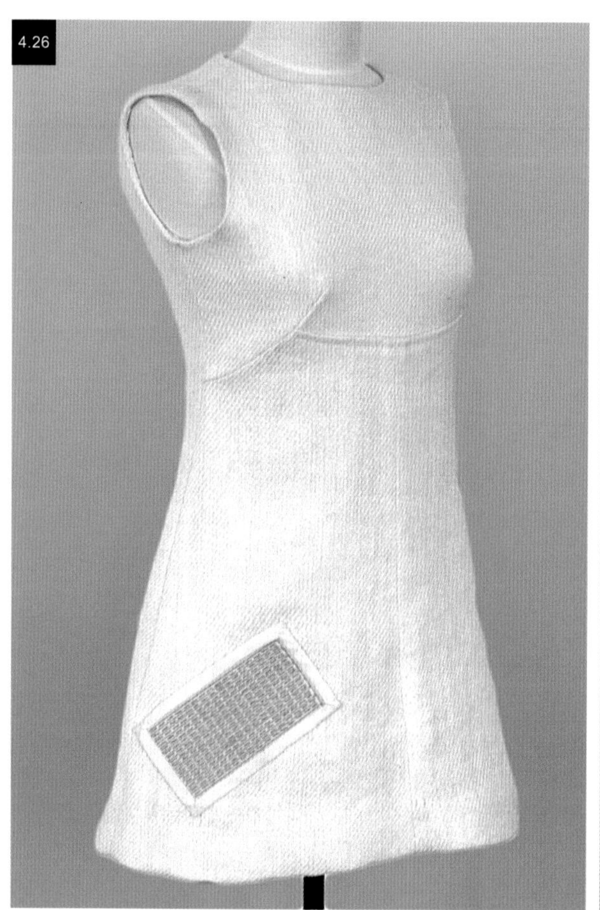

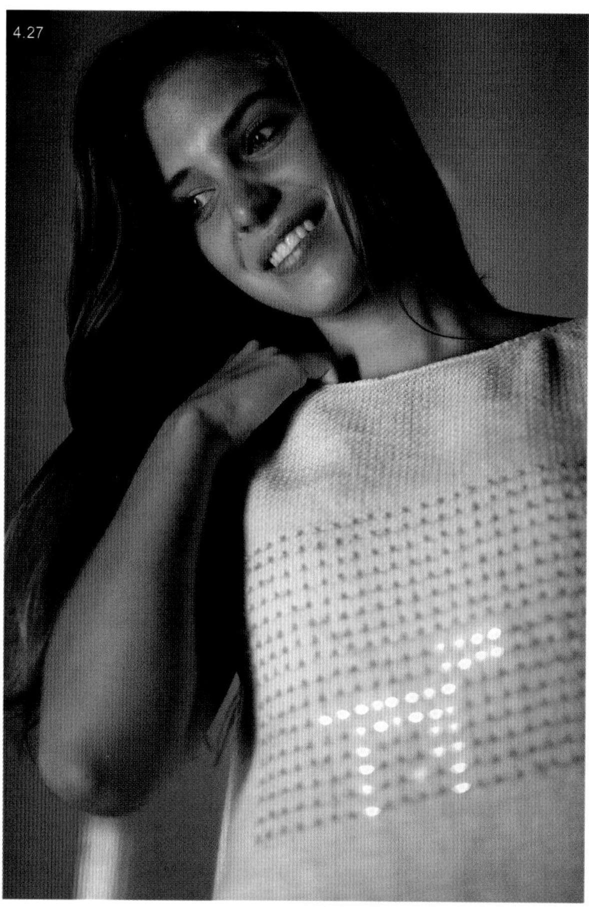

图 4.26

这条名为“白色触摸屏”（White Touchpad）的裙子将微电脑缝入裙子的面料里，它将普通纤维与多个传感器结合起来，创造出能够接受外界刺激的面料表层。

图 4.27

“电流卡拉莫”系列裙装都配有灵活的LED信息板。

图 4.28

每条裙子都有自己的蓝牙地址。给裙子的蓝牙地址传送信息可以实时改变LED灯的图像和文字，同时该裙子也能反映穿着者的个人信息。

图 4.29

芭芭拉·莱恩与电子工程师何塞姆·克石耐维斯的合作已八年多了。

力于技术研究。在设计过程中，我们经常会突然萌发新的想法或使用新的技术，从而中途改变设计方案。往往这样的设计过程是须经过反复实验的。何塞姆会不断寻找合适的电路，选购合适的传感器，我相信我们的合作能够解决面临的一切问题。”

莱恩详细描述了他们的设计制作过程：“我们通常先用棉布制作服装的样板，来看看状况怎样，在不确定如何布线或与设计相关的一切都没问题之前，我们是不会直接使用电子面料来完成成品制作的。我们通常会将相对重一些的电子面料摆在棉布样板的下方，再顺着样板的边沿进行裁剪。我们将对所有的部件进行测试，确保无误后才开始制作成品，所以电子面料总是最后登场。”莱恩现在正在为一个回顾展览做准备。

在谈到她能给刚开始运用这些新型材料进行创作的人分享什么经验时，莱恩提出了两点建议：“首先，一定要建立一个跟你一起完成同样事业的朋友圈，这样你们就能互相学习。我很幸运我能结交很多跟我做一样事情的朋友，并且从他们身上学到了很多。其次，是要尽力从互联网上获取尽可能多的信息，从 DIY 网站到材料资源列表，我们能获取的信息多的惊人。”除此之外，莱恩也强调了学习如何操作各种类型的机器的重要性。在她的工作室里，有

4.29

数字打印机、数字织布机、数字刺绣机、手织织机、新型铺设机，还有标准工业缝纫机，这些机器可以进行锁边、装饰、直针缝、曲线缝等操作。莱恩说：“你获取的知识越多，你设计作品时就会越感到得心应手。”

对于莱恩，激励她工作的动力很简单。她说：“我与其他人的不同之处在于我对纺织面料的热爱。我对可穿戴技术方面的东西并不是很感兴趣，而是更多地关注纺织面料本身可以起到什么作用，或者说我很想看看它能如何改变个人的生活和周围的环境。”

麦琪·奥思（Maggie Orth）

艺术家和技术专家

麦琪·奥思正处于转型期。她身兼艺术家、作家、技术专家于一身，经过十多年的研究，她在自己位于华盛顿州西雅图的工作室里研发出了交互式电子艺术品。麦琪·奥思是电子纺织面料领域的先驱人物，她的作品包括机控变色纺织面料、交互式纺织面料以及机器人公共艺术。她在美国罗德岛设计学院获得美术学士学位后，又攻读了麻省理工学院高级视觉研究中心的理科硕士学位，之后在麻省理工学院媒体实验室进修传媒艺术与科学专业，并获得哲学博士学位。

奥思于2002年开始创建自己的公司——国际时尚机械公司（International Fashion Machines, Inc. IFM），研发出了兼具创意性、科技性和商业价值的电子纺织面料。她不断进行技术开发和研究，设计出了很多作品，并申请了许多专利。她的作品在很多展会和博物馆展出，也经常出现在许多出版刊物中，奥思本人也获得了该领域的一些最高奖项。尽管如此，如今她却开始对电子纺织面料的未来及其社会价值产生了质疑。

奥思的创作过程是工程与艺术的融合。她已经掌握了在高新技术领域所必需的工程技术，这是一个处在不断变化之中的领域。奥思内心充满了纠结，她既想有所表达又难以实现自己的期望，为此她感到沮丧。她说："我对电子纺

4.30

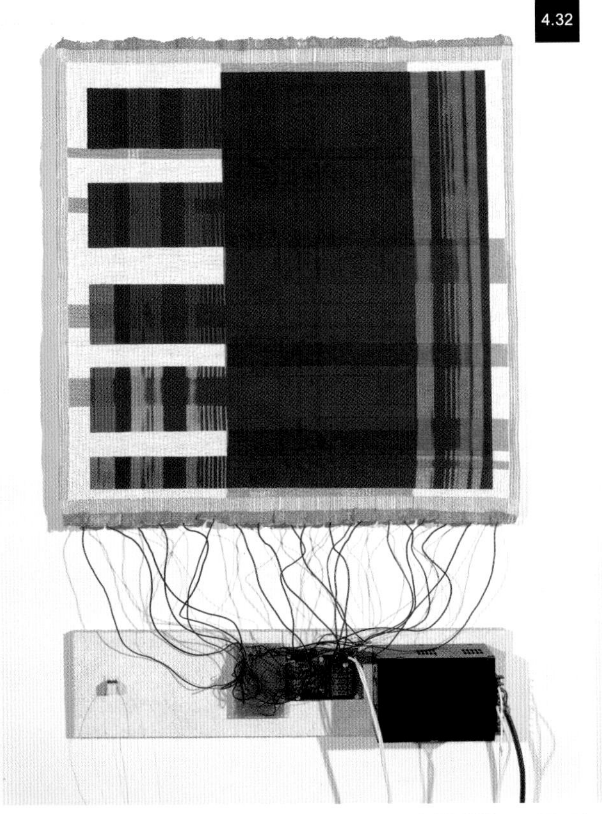

4.32

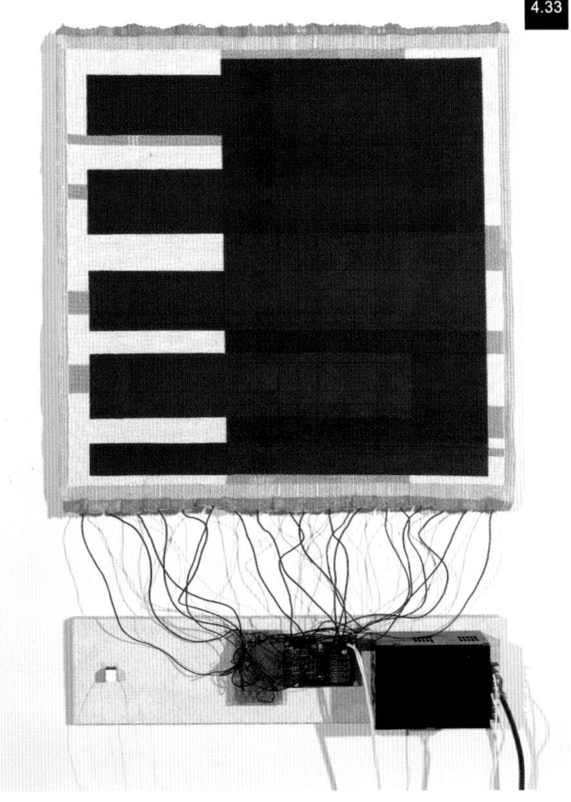

4.33

4.31

图 4.30

"花影"项目（Petal Pusher）是一种交互式纺织面料和照明装置的结合，它使用的专利电子纺织传感器是由金属纤维捻成的纱线制成，并通过少量电流作用于人体，从而产生一个闭合电路来控制灯光的明暗。

图 4.31

这是麦琪·奥思在她的工作室里工作的照片。她的国际时尚机械公司设计创造纺织类家居用品以及独一无二的变色艺术品。

图 4.32

变色纺织面料是由导电纱线纺织而成，采用热变色油墨印染，并利用自定义软件变换图案。

图 4.33

"光点"作品（Blip）创作于 2010 年，是设计师麦琪主题为"走向静止"（Moving Toward Stillness）的七件系列作品中的一件。这个系列的作品揭示了电子材料的魔力，它为静止的物体赋予了生命、活力和动态。

图 4.34

图为“百年电子艺术展”上展出的两件创作于 2009 年的作品，展现了电子变色纺织面料的不断革新。该面料将导电纱线和热变色油墨相结合，通过电子软件进行操控。图中为两块面料接通电流时产生的色彩组合。

织面料的看法并不是那么乐观。以我过去的经验来看，电子纺织面料实际上是具有局限性的电子材料。多年来，我已经习惯了面料对电子设备的限制，即需要保持纺织面料本身的质感。这在根本上也极大地限制着你能做些什么。你能做的就是将传感器应用到纺织面料上，你也可以进行数据传输，还可以利用 LED 灯使面料发光，当然，你可以对纺织面料进行无限改造。其实，我的工作就是在不断探寻这些具有局限性的材料的应用可能性。”

程序和物质性

奥思在研发变色纺织面料时，她想挖掘出程序、计算机和物质之间的美学关系。问题是如何将电子编程与面料编织同时实现以及如何将软件变成纺织面料的一部分。奥思花费了很多时间和精力来研究这个核心问题。她说：“我真正感兴趣的是创造出一种纺织面料，它可以拥有成千上万种图案，可以随着时间而改变。我认为只要开始编程设计，就能实现这些想法。”但随着研究工作的进行，她开始认同米开朗基罗的那句名言——每块石头内部都隐藏着一座雕塑。她说：“在设计可编程的材料系统时，你要事先想好用它来做什么。可编程的材料系统是一个有着极强适应性的系统，一方面，你可以将其看作是一个完全独立的系统，就像三原色显示器一样，你能够任意编程操作；而另一方面，你也可以将其看作是一个纺织面料系统的一部分，就像我所追求的那样，它更倾向于体现面料方面的特点，而只是利用编程来解决一些问题。”

当谈到到奥思的工作过程时，她解释道，“我的作品追求材料美学上的完美，这一直是我设计的起点。我总是把一切结合起来。其实，我工作的一大挑战就是需要大量的合作才能完成。所以我不得不雇佣工程师、程序员以及其他技术人员。关于合作，其实最具挑战的一点就是你必须和别人一起工作。这需要大量的时间和良好的沟通，让所有的人都协同投身到一个项目中。”她还说，“合作的伟大之处在于你的收获会远远大于独自一人工作。”她将其比作电影制作，二者都是无法通过一个人的能力来完成的巨大项目。如果你打算掌控一切，代价将会是巨大的，甚至可能导致失败，因为当今复杂的媒体项目是不可能靠一个人来掌握全局的。

现在，奥思对变色纺织面料的研究已经告一段落，她开始探究一些关于环境的问题，特别是电子纺织面料对环境产生的影响。在进行这项研究之后，她得出了这样的结论，“我并不觉得电子纺织面料会对环境有好处。”于是，她开始了她的写作生涯。

4.34

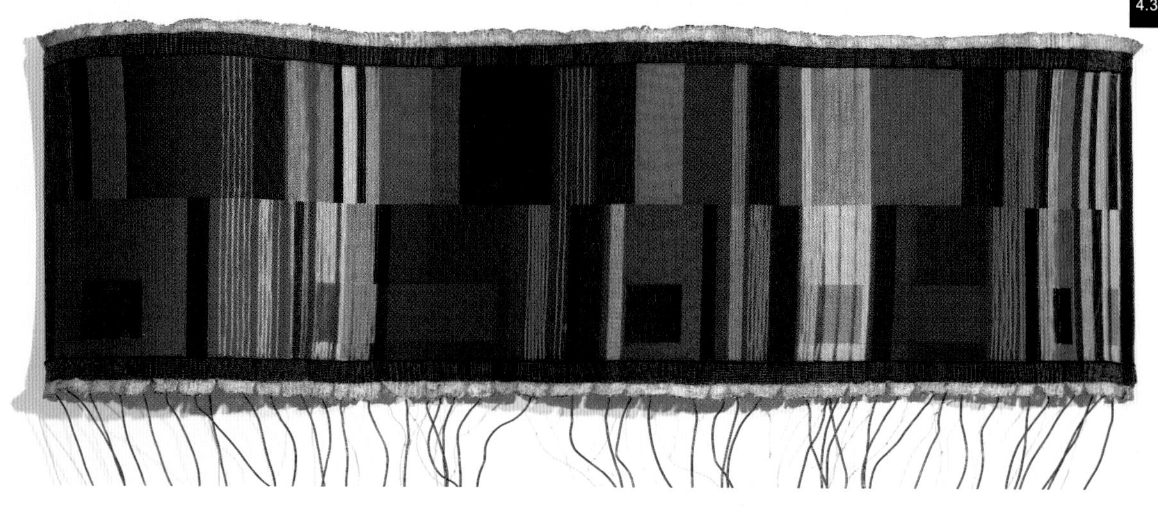

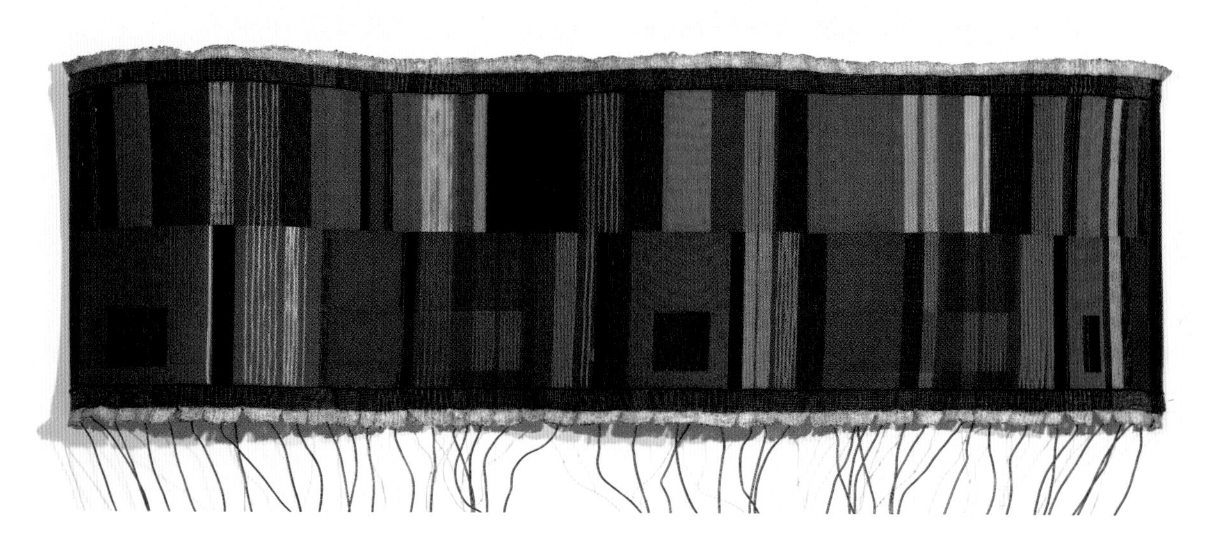

奥思艺术生涯中的一部分时间都是在讲故事，所以她的转变是自然而然的，她开始通过小说把自己的想法表达出来，即经济、设计以及科技都会对环境产生影响。她表示自己对这个新方向充满激情，她说："我感到工作没有了负担，过去的我常常被压力缠身，我总是自问'我该怎么办?'或者是'要怎样解决问题?'这些负担和压力对我的生活和工作产生了巨大的影响。"过去的她时常需要花费几个星期的时间来寻找一个方形白光 LED 纽扣用以装饰一件参展的服装，现在的她不再需要做这些看似重要却又并非那么重要的事情。一旦卸下了那些琐碎繁重的负担，她的创意又开始萌生了。她的小说以人、自然和科技为中心。最近，她正在创作自己的第一部小说，是关于一个充满求知欲的小男孩和一条电脑游戏中的鳄鱼相遇的故事。

时装设计——基于审美

时装是社会发展的脉搏，它随着我们感觉的变化而变化，并体现着我们的思想。时装总是处于不断变化之中，它是唯一一种依靠穿戴者诠释并与之互动才能赋予它生命的设计形式。设计师只能做到用心设计，却无法改变这些时装终有一天会尘封于衣柜的命运。

时装设计师既具有艺术家的气质又要有远见卓识，他们要么能够准确把握当下的流行元素，要么能够预见未来的潮流趋势。他们不断地进行着创造和设计。时装不仅具有想象意味，还具有现实的实用性，这也许就是它为什么比其他形式的艺术和设计拥有更多的追随者。所以说，时装是鲜活的艺术。

时装设计师需要不断地从生活中获取灵感，并将得到的信息进行加工，利用脑海中浮现的一系列图像来创造富有审美价值的造型。设计师的眼光是智慧与视觉的结合，他们创造出的是一个个故事，成功的设计师懂得运用独特的方式来诠释他们的故事。而讲故事的目的是引起人们的情绪反应，这包括想法、感触、疑问等。时装设计师所走的每一步都是基于审美的出发点。

小结

时装设计既是富有远见的又是保守的，充满了矛盾。其设计过程就是设计师在普通大众的世界中追寻独特的过程，也是一个不断探索服装意义的过程。

实用性是时装的根本。学者们进行的时装研究，就是对时装实用化进行探寻，他们研究服装的耐久性、变化性以及它的各种关系。触感和美感这两点是设计师们非常注重的感官效应。在接下来的两个案例中，设计师的工作主要关注通过实验共同探寻时装以及服装的非商业性，这将吸引更多有才干的设计师创作交流。当今，合作和跨学科思维模式为时装设计带来了更广阔的天地，利用技术和数字媒体进行创新设计，才能成为这个领域中的佼佼者。

高颖（Ying Gao）

概念时装设计师

高颖教授是一位卓越的概念时装设计师，她认为艺术与设计是界线分明的，但也承认如今两者之间的界线开始变得模糊。“在我看来，设计师就是利用某个具体的或者是不具体但是可触摸的物质进行加工创作，而最终的成品就是服装。但艺术家的工作则完全不同。也许我是一个纯粹主义者，但谈到服装设计，遗憾的是，我认为我并非在创造艺术。”尽管如此，高颖的作品仍是艺术品位极高且惹人关注的。

高颖曾在日内瓦大学艺术与设计专业学习时装设计，后来又去了加拿大的蒙特利尔，在魁北克大学攻读通信与多媒体专业的硕士学位，那之后，她在加拿大待了20年。现在，她又回到了瑞士，在她的母校担任时装专业主管一职。高颖回忆起那段在蒙特利尔学习多媒体的日子时，说道：“那个时候，我学到了很多技术，同时也学到了很多有关媒体的理论和观点，这使我建立了另一种思维模式。我已经有两年没有从事时装设计了。”

4.35

试验

两个完全不同的专业以及它们自身特有的两种不同的思维模式塑造了高颖特别的创造性思维。当提及这两个专业的结合给她的工作带来的影响时，她回答说：“我想最重要的事情是实践。因为当今的时装市场、时装工业以及时装设计师自身都没有学会，也没有客观条件使他们具备足够的勇气去质疑存在的事物，他们变得非常实际，缺少了那种在别的领域，如媒体设计和电影行业，所必须具有的批判性思维。”

高颖常常从书籍或电影中捕捉灵感。她总是对周围环境、周边事物或是一些难以触碰的东西，如对光、声音、空气等充满了兴趣。当从一场电影或一部小说中捕捉到什么并引发了她的兴趣时，也许这就是她的某个服装系列的设计概念。2004年，高颖阅读了一本关于阿基格拉姆建筑学派的书。该学派是19世纪60年代成立于伦敦的极其前卫的建筑学派，他们从技术中获取灵感，希望或只是通过奇思异想的

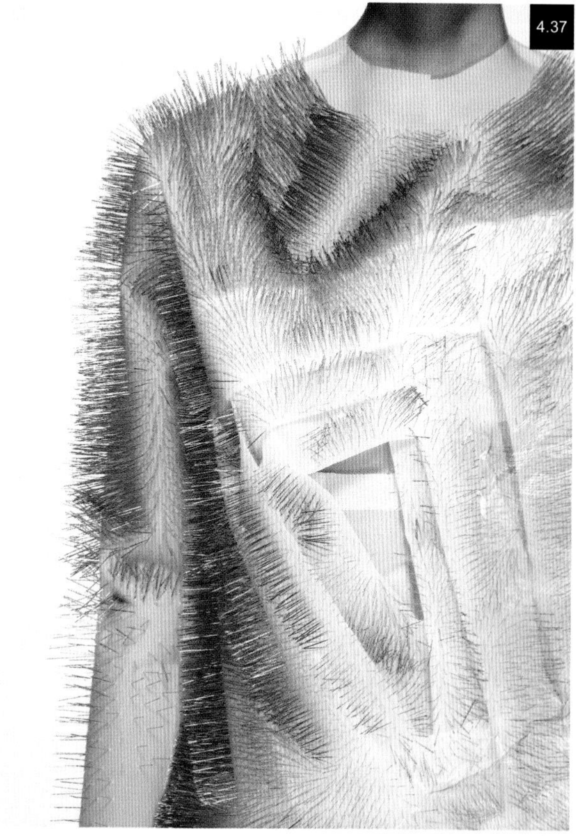

图 4.35

图中是时装设计师高颖教授在她的工作室里工作的场景。她将机器人技术与高档纺织面料结合起来，以创造出能够变形的交互式服装。

图 4.36

“动感”服装系列（Incertitudes）是由两件交互式服装组成，服装的面料表层覆盖着缝针，通过电子设备实现对这些缝针的控制，它们可以对周围观众的声音做出反应。

图 4.37

这些缝针的针尖向外伸出。“动感”服装系列既吸引了人们的注意，又在一定程度上充满了不确定性。

图 4.38

“行走的都市”（Walking City，2006），这件作品产生的如呼吸式的流动感是由缝在棉和锦纶面料上的传感器及模拟气动装置来实现的。

项目来创造一种新的现实。例如，这个学派的一个建筑项目——行走的都市（Walking City），这是一座由许多建筑组成的城市，这些建筑如同巨大的昆虫，可以四处移动。高颖就是从这个设计中获取了灵感，并以相同的名字设计了一个服装系列。高颖解释了阿基格拉姆建筑学派和她的灵感之间的协同效应，她说："这个建筑学派设计了一些乌托邦项目，如充气的城市和行走的城市等。借此指出我们社会的一些缺陷，如越来越倾向于消费主义。这些理念使我得到了灵感，有了设计充气式服装的想法。当然，我并不想让穿着这些衣服的人看起来像米其林轮胎人一样。所以，我设计了褶皱，为此，我研究了大量的折纸艺术，最后将褶皱与充气结合在一起。"

高颖和机器人设计师西蒙·拉洛奇（Simon Laroche）一起工作了十多年。他们共同设计了高颖设想的交互式服装。"我提出了想法，西蒙就和我一起致力于技术方面的研究。我的助教以及我的学生们参与这个项目，意义重大。但问题是他们无法长时间做这个项目，因为他们有自己的项目，而且他们最后也会毕业离开。所以不得不进行没完没了的'挑选学生—进行培训—毕业离开'这样一个循环往复的过程。我是可以雇人长期留在这里工作的，但作为一名教授，我还是认为让学生参加更有意义。"

高颖一旦有了创意，就会立刻将脑海中的想法迅速画下来，在这个过程中不断思考如何将其变为实现。"最近，我一直在进行'No（Where）Now（Here）'（若隐若现）系列的创作，这是从法国哲学家保罗·维瑞里奥（Paul Virilio）的文章《消失的美学》（*Esthétique de la disparition*）中获得的灵感。保罗在书里详细谈论了关于消失的细节，描述了很多光怪陆离的内容、移动的影像以及消失的概念，包括言语、光和其他一些东西。我有很长一段时间对这些充满了兴趣。从那以后，我便打算设计一套利用视觉跟踪器来实现若隐若现的服装。这是我最初的想法，模糊不清，像天方夜谭一般。后来，我开始将这些想法画下来。我不仅需要决定做什么样子的服装，还需要考虑服装的交互性。当所有的一切在我的脑海中基本成型之后，我就把这个想法告诉西蒙。"

西蒙能够解决大量的技术问题，高颖对此感到十分惊讶，西蒙似乎总是能够找到一种系统或是装置来完成项目所需的技术。"No（where）Now（here）"系列用去了他们两年的时间去制作完成。

谈到原型设计的过程，高颖说她是一边在本子上画出服装的草图进行二维设计，一边用布料进行三维的设计制作。她所有的服装系列都采用羽幻纱进行制作。每件服装的细节都要

图 4.39 & 图 4.40

这是“行走的都市”的作品细节。裙子的充气部分在复杂的褶皱面料上构成一个有趣的呼吸式运动。这个作品是在向 19 世纪 60 年代的英国阿基格拉姆建筑学派的想象移动和充气居所的理念致敬。

图 4.41

“(No) Where (Now) Here” 系列的两件服装作品采用了荧光线缝制，并使用了视觉跟踪技术和机器人技术，因此，服装会对人的眼球动作产生反应。

处理到完全实现她的想法为止，然后再添加电子线路。高颖从来不买已经接好电路的现成面料。正是因为她的设计如此独特，所需技术才得一项一项从零开始。她说："有时，我们需要3D打印来获取模型。例如，上一个设计项目中我们没有找到合适的发动机，所以我们不得不打印自己的发动机。"

原型设计

原型设计是整个项目设计过程中花费时间最长的一个阶段。在"No（where）Now（here）"系列中需要实现服装如同水母般的移动，要寻找到合适的金属丝制作水母是高颖在创作过程中必须克服的大难题。"我想在我设计的裙子上实现这种非常具体的运动方式，我知道这很不容易。我已经数不清我们制作了多少次原型以求达到这个效果。我们尝试了20种金属丝，每一只水母都采用非常细小的线路结构，金属丝的粗细十分重要，因为这关系到裙子穿着后的灵活性。每试用一种金属丝，我们就得制作五只水母，这样才能打开发动机观察它们的活动，这仅需要30秒钟，我们就可以知道线路是否正常工作。30秒钟后，我们就会说'不行，我们已经浪费了太多的时间了，重新再来吧'。我们就是这样一次又一次的不断地进行尝试。"

高颖也承认在设计上自己的确"有些固执"，她说："我不想敷衍了事，也不想放弃。完美对于我来说意义重大。我不是说我设计的服装有多完美，而是我必须要达到我的目标，做不到是不行的。"毫不妥协地追寻目标对于高颖是最重要的。她的作品如此之美，也是她的努力、坚持所换来的。

最后，高颖对刚刚起步的设计师们提出了一些建议，她说："对生活要充满好奇，勇于实践。我们都需要不断地学习知识。其实，想到好的创意很容易，但要实现这些创意还需要技术的支持才行。如果你不知道如何将其变为现实，再好的创意也没用。不要忽视技术方面的学习，这对新一代的设计师来说非常重要。我知道这听起来十分实际，但这还需要脚踏实地的去实行才可以。从事这个行业应该实际一些，有了这些实际的知识才能进行设计的实践。"

图4.42
"No（Where）Now（Here）"系列服装实现了设计师想要"若隐若现"的设计理念。观众的目光停留在服装上，就会使服装产生明暗交替的变化。

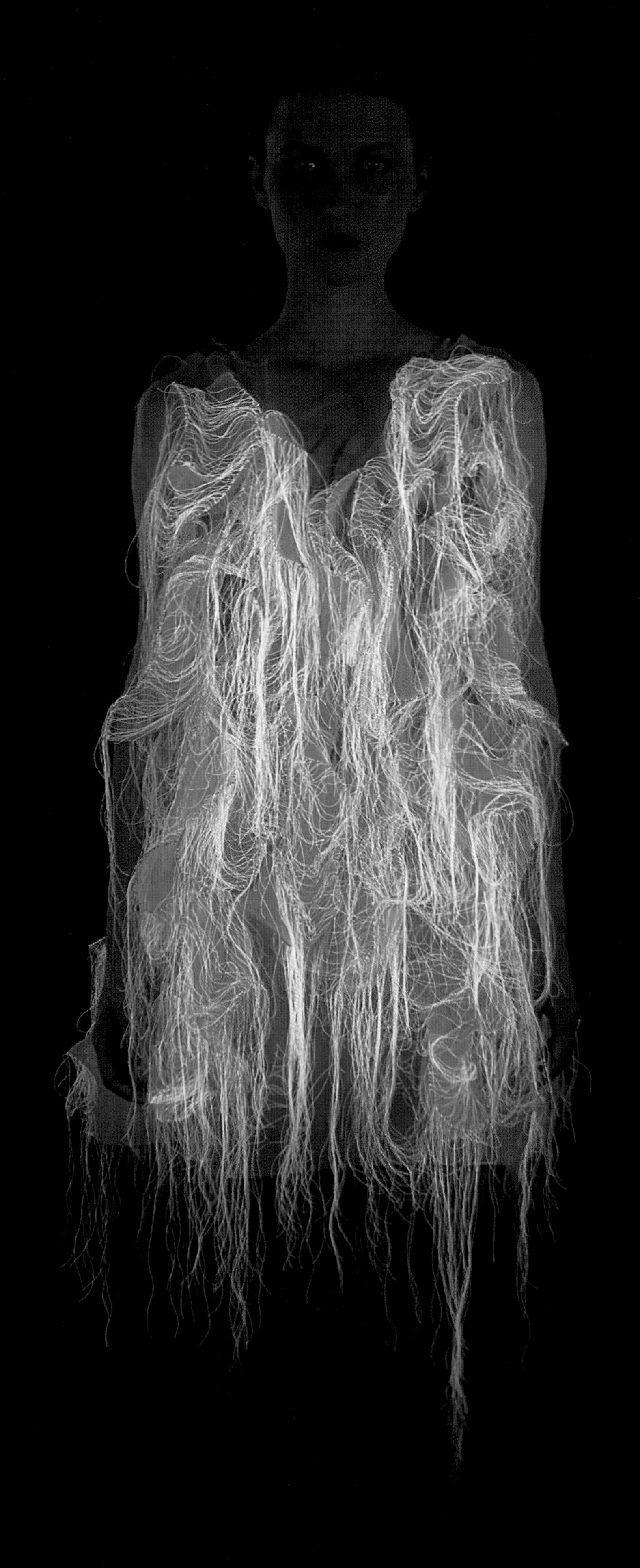

4.42

林茜·考尔德（Lynsey Calder）

编码变色项目（CodedChromics）

编码变色项目是林茜·考尔德提出的一个令人振奋的研究项目，其目的是研发出可变色的舞蹈服装。考尔德原本从事纺织面料的设计工作，现在她是爱丁堡赫瑞瓦特大学的研究员，她率领自己的团队努力研究智能纺织品与环境（包括智能环境和普通环境）之间的交互性。这是一个先进的计算机应用概念，毕竟这个时代计算机无处不在。

目前，她正在进行着一项关于“智能服装”的研究，项目名称为：智能纺织品和普遍应用计算机背景下的可穿戴技术的应用。我访问了考尔德的工作室，与她深入地探讨了一系列的相关问题，包括她的创作过程、团队合作以及她最新的作品——变色芭蕾舞裙等。

一开始设计变色芭蕾舞裙时，她先进行了大量的研究，并讨论了一些基础问题，例如，

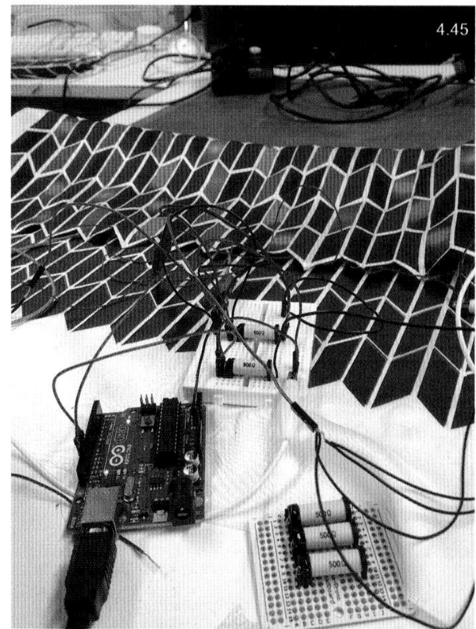

图 4.43

林茜 · 考尔德深入研究了蝴蝶的翅膀，并将这一灵感应用到她设计的变色芭蕾舞裙上。

图 4.44

这条裙子采用的面料使用了变色油墨印染几何图案。通过引入电流，油墨色相的变化从紫色和蓝色变为洋红色和粉色。

图 4.45

接通电流，面料上的印花图案会在 Arduino 程序的控制下，立即对舞者表演的音乐产生反应。

图 4.46 & 图 4.47

林茜将每一根导线手工焊接在面料上，这是一项非常辛苦的工作。导电涂料用来创造接触点以完成电路。

4.48

4.49

4.50

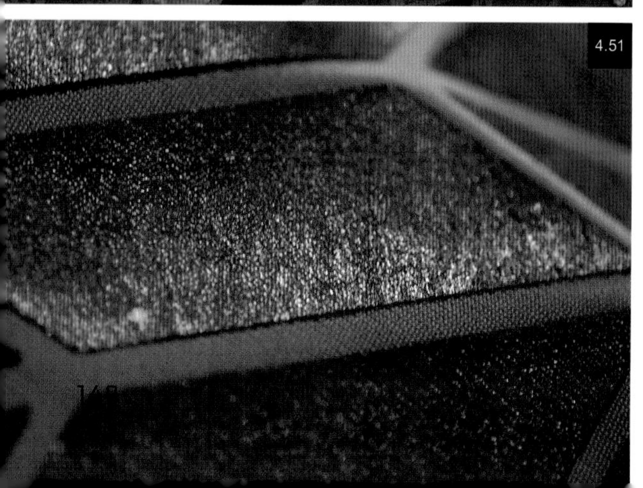
4.51

芭蕾舞者使用这种服装的理由以及服装在整个舞蹈中发挥的作用等。“我的设计理念是想通过服装色彩的变化来改变舞蹈表演时服装外形给观众的感觉，从而影响观众和舞者自身的感受。色彩可以引起观众的共鸣，变色的舞蹈服装也为舞蹈本身增添了一层复杂的立体感。”

美与技术

考尔德将她的工作看作是对美与技术结合的一次探索，二者的完美结合会使人获得令人兴奋的新鲜体验。

“科技也可以美的赏心悦目，我对这样的观点十分赞同，”考尔德说，“我的灵感是将科技变得充满美感。当然，这个问题要从两个方面来看，一方面，我们需要保留生活中的纯真与朴实；但另一方面，充满了吸引和诱惑的新技术无疑在不断改变着我们的生活。”

在大学研究室工作和在自己的工作室中工作感觉截然不同。大学的学术环境对建立跨学科的合作团队十分有利，变色芭蕾舞裙就是这样研发出来的。考尔德非常依赖由学术专家和艺术家构成的合作团队，团队成员有的来自她任职的大学，有的来自英国各地。在她决定了研究工作的范畴之后，她就会依靠整个团队的协作来完成项目的研究。

考尔德和茹斯·艾利特教授（Dr. Ruth Aylett）、

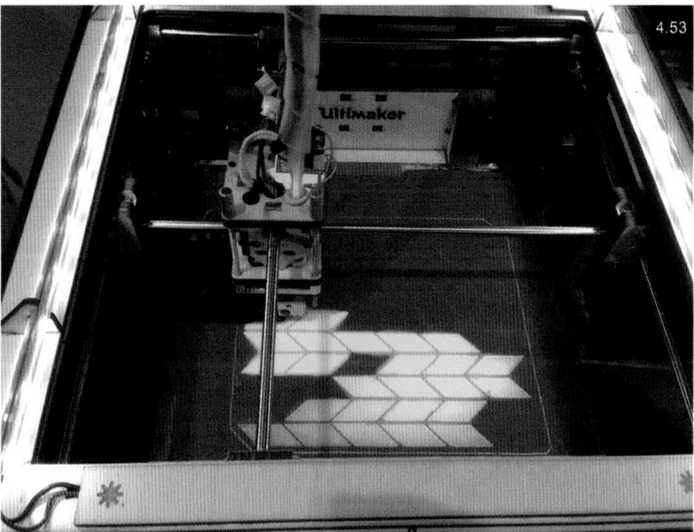

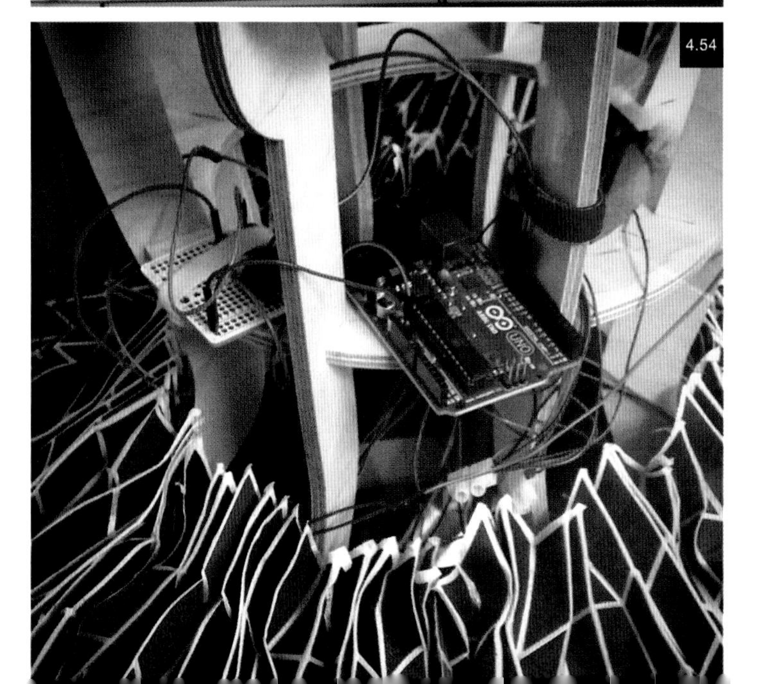

图 4.48 & 图 4.49

这是导线与印花面料相连接的细节图。

图 4.50

电流通过布料的表面，创造了一个五光十色的外观。

图 4.51

几何印花图案的设计会改变颜色，但不会短路。

图 4.52 & 图 4.53

利用印染机将导电颜料涂在芭蕾舞裙的面料表面上。

图 4.54

这是变色芭蕾舞裙最终的原型样品。Arduino 程序控制器和导线完全可见。

珊迪·罗查特博士（Dr. Sandy Louchart）一起工作，他们主要负责计算机技术的应用。但是，她还有另外两名帮手，也是这个项目重要的参与者，一位是萨拉·罗伯逊博士（Dr. Sara Robertson），她是工艺革新和智能材料方面的专家；另一位是道基·金尼尔（Dougie Kinnear），他原本是一个珠宝商，但现在在邓迪大学艺术设计学院做研究工作。他们都从事设计与艺术的跨界研究。在考尔德的研究项目中，金尼尔负责构建电路和计算机编程，罗伯逊进行液晶显示器的研究设计（她的博士论文写的是《利用电子热仿型电路的热变色面料的设计潜力》），他们的研究给芭蕾舞裙的设计提供了很多的组件支持。考尔德的角色就是总建筑师，负责每天的项目运行。

“我的设计研究就是把其他人向我证明了的有用技术加以利用并不断发展。同时，我也是一名‘开源设计’的倡导者，我发现网上的设计师/制作者社区对我的灵感构思帮助很大。我的主要工作就是构建起能够对外界的复杂元素产生反应的变色纺织面料的原型，然后将它变成现实。现在，这样的服装正在制作中。”

热变色油墨在特定的温度中会随着温度变化而改变颜色。变色芭蕾舞裙将丝网印刷与三种不同温度阈值的热变色颜料相结合。面料的正面涂有这种变色油墨，反面涂有一层锡箔，它的表面是由铜锡制成的，而且贴着整齐排列的导线，起着散热片的作用。

原型设计

变色芭蕾舞裙的第一个原型花费了整个团队几乎一年的时间才完成。仅是制作合适的面料就进行了数不清的实验。现在，他们成功地制作出了完整的原型样品。下一步就是让芭蕾舞者进行试穿，测试服装的舒适度、灵活性、重量以及热量生成的功能。当谈及这个作品时，考尔德说：“我们需要克服的困难之一就是能源。这条芭蕾舞裙目前采用电压为9V的电池提供能源，消耗量极大，我们需要寻找另一种更加合适的电池，或者重新设计服装以能够有效适应目前的电池。”就像每一个成功的建筑都要经历不断修改原型的过程一样，服装也要经过不断修改，才能变得更加完美。

考尔德从折纸图案中找到了灵感，她发现梯形形状更有利于根据电流提供热量的增减而促使颜色产生变化。还有，将荧光颜料混入热变色油墨中，出现颜色分层，会产生渐变发光的效果。荧光颜料不仅可以在紫外线或舞台黑色背景下发光显现，而且当热变色油墨被加热时，混入其中的荧光颜料也可以显现出来。这使服装同时具备了自发光和非自发光的能力。这条裙子通过Arduino微处理器和一种简单的继电开关装置来控制服装的相变元素，它既可以依靠照明发光，也可以依靠自身创造更多的发光效果。

良好的学术环境为该项目提供了资金保障和思想交流的自由空间。考尔德认为这项研究成果还可以应用到安全警报系统中，特别是儿童警报系统。她说：“颜色是一种通用语言，可以作为一种代码应用在校服或书包上。当然，这涉及对信号语言的学习，对于使用传统语言的人们来说算是一项挑战。”她还说：“我还认为这项研究也可以应用到医疗行业中，也许可以作为一种信号触发器，或是应用在规模不同的体内手术中。”

考尔德喜爱科幻小说，尤其是伊恩·M. 班克斯（Iain M. Banks）的作品，也许是受到了小说的影响，她发现自己在实验室花大量时间探索的东西会在现实世界中找到用武之地的。

图 4.55

这条变色芭蕾舞裙正在进行颜色变化。

图 4.56 & 图 4.57

芭蕾舞裙的颜色变化，展现了不同强度的电流通过了面料以及电流对印染图案的色彩变化的影响。

建筑设计——基于特殊场所或解决问题的方案

建筑师以一系列特定的参数为基础构建设计项目。他们设法解决所有与项目有关的问题，进行场地勘测并拟定计划。越来越多的概念性和实验性建筑倾向于脱离用户的实际经验，更加侧重于解决问题的方案，寻找应用理论的革新模式，并通过颠覆先前的思维过程来创造新的事物。概念建筑师们总是先构思一个解决问题的方案，然后再设法使方案变成现实。所以说，建筑设计是基于特殊场所或是解决问题的方案。

一般来说，建筑设计的首要驱动力是用户的需求，而概念性和实验性建筑的设计过程往往是脱离用户需求的。不论是设计师还是客户首先提出建筑要求，设计方案在初始阶段非常具有概念性，一般都非常注重形式和空间，为此，无论是抽象思维还是实验获得的经验都很有用，创意自会在这些过程中应运而生。有了设计想法，就要通过模型制作阶段来验证其合理性，毕竟合理化的设计方案是为了让用户感到满意，使其有建造的必要性。这种设计方法与其他学科领域的设计方法有所不同，它将最初的创作过程和执行阶段分离开来，并先后进行。

下面的案例研究在规模和范围上都截然不同，但是共同之处在于他们创新的方法。从研究项目的成果中你可以看到，这些设计师利用聪明才智进行创意构思，并通过制作模型来实现这些创意。

小结

不论是制作模型还是全面建设，后面我们将要提到的两家设计公司都证明了建筑设计过程可以分为概念性探索、合理化设计以及方案的真正执行三个阶段。

概念性探索是初级构思阶段，一个完全开放和自由的创作过程，这个阶段注重形式的构造、抽象的设计和材料的运用，并经常使用计算机作为绘图工具来建造模型。而设计过程是一个理智、进化、重组的过程，这样设计才能逐渐发展成熟，成为可以实际执行的方案。这个过程的核心就是找到解决问题的办法，不论是非常实际的问题，还是抽象的概念问题。当然，在生成想法和实际执行的过程中，设计师也会不断探寻合适的材料，它会给任何阶段的设计想法带来灵感。

在建筑设计过程中时常会产生一些富有创意的解决方案以及一些新颖的材料应用方法。

丹·罗斯加德（Daan Roosegaarde）

罗斯加德工作室

罗斯加德工作室是交互式设计的梦工厂。它的创始人丹·罗斯加德不同意将他的工作定义为艺术创作或设计。他在2012年国会大厦举办的TED演讲中这样说，“我不是一个设计师，我是一个改造者。我着迷于将想象和创新相结合。”他称自己所做的工作是“定制个性化的世界”，他想让这个世界变得更加容易理解、更具有交互性、更加开放。

谈到他的工作，罗斯加德说：“我们将技术带入生活，为人们打开了一扇新的大门。交互不仅存在于人与物之间，还存在于人与人之间。所以，与其说我的工作是关于高科技的，不如说是关于高度社交的。”罗斯加德工作室创作的大多数作品，不会放在博物馆和展览会的展厅里展出，他总是把作品安置在诸如人行道或是公路的公共场所中展出。

4.58

当谈及艺术设计的作用时，罗斯加德提到他们在工作室里经常说的一句话，“其实，口红的颜色不重要，关键是涂了它以后你还能不能亲吻你的爱人”。换句话来说，事物的本身不重要，重要的是由它产生的行为。这是一个非常注重事物的实用价值的观念。罗斯加德在描述他的工作时，这样解释：“设计师的工作就是开创新思路，在新旧世界之间创造一个连接。”他相信创意必然有市场，这是他的工作室众多创意概念背后的原动力。

艺术家和技术专家

罗斯加德工作室由艺术和技术两个工作小组构成。艺术家们负责作品的“艺术气息”（着重描述创意），寻找并操控研发项目要使用的智能材料；而技术专家们负责解决研发工作的所有技术问题。罗斯加德工作室采用的都是他们自己独创的技术。

“这点非常重要。就像伦勃朗（Rembrandt）有他独特的色彩一样，我们也拥有自己的核心技术。这是我们展示创意的方法。研发自己的技术会给于创作高度的自由。我们不会被寻找

图 4.58

罗斯加德工作室：在图中右下角的位置可以看到名为“沙丘”（DUNE）的项目中未安装好的各种材料。

图 4.59

在罗斯加德工作室里，设计师们设计出了各种作品，从互动空间到建筑和时装。他的“智能高速路”（Smart Highway）设计项目使用了发光颜料，这些发光颜料白天吸收热量，夜晚发出能变化颜色的光。

图 4.60

丹 · 罗斯加德喜欢在旅行中寻找创作的灵感。图为他从旅行中寻找到的各种材料，他将它们放置在墙上的盒子中。

图 4.61

罗斯加德自称为“有商业发展计划的嬉皮士”，图为他在工作室工作的场景。他穿梭于中国上海与荷兰的瓦丁克斯芬之间，努力去实现他的梦想。

一个标准LED灯或是传感器等事情束缚手脚。”罗斯加德说。正是源于这样的方法，他们的工作才不会受到现有条件的制约。罗斯加德将这描述为：“我要创作的就是我头脑中所想象的、口中所品味的，我们要做的就是找到能创造那种味道的元素。”

隐身技术

罗斯加德团队十分清楚，要使他们这次研发的作品完美地发挥所设想的功能，技术上要解决的问题就是要实现隐形的功能。发明创造是要解决问题，要知道它会带来什么样的影响；同时，它也要超越现有媒介的束缚。罗斯加德说：“我的作品都具有审美价值，富有魅力，用户会情不自禁地被吸引。一旦他们被吸引，我便可以通过作品同他们对话交流，让他们意识到一些新的东西，让他们自然而然地获得一些在其他情况下不可能有的新体验。在当今社会里，科技变得至关重要，是我们生活的一部分，它发挥着媒介的作用。而且科技创造永无止境，这是十分令人兴奋的。而科技提倡的是事物之间的相互作用。”

罗斯加德团队名为“亲密”（Intimacy）的设计项目就是一个恰如其分的例子。它通过特殊材料的使用让人们感觉到科技就像人的第二层肌肤。在开始设计这个作品的时候，罗斯加德团队对时尚并不十分熟悉。他们设计的这件服装采用了一种胶片材料，可以根据人的兴奋程度从白色转为透明。穿着者心跳的速度越快，服装的颜色就会变得越透明。可以说，这件服装的出现正恰如其分地阐释了“怎样才能让科技变得更加直观和真实”。

源于这种想法，罗斯加德认为，“科技是人类的第二层肌肤，是人类的第二种语言，是人们进行经验交流和信息传递的方式。所以，人们为什么总是要低着头盯着手机屏幕一整天？”“亲密”这个项目的创意源自于隐藏和暴露。“我总是提到感官技术、皮肤延伸的概念。我想，就把这种概念极致地应用到服装设计上吧。毕竟，时装设计同隐藏和暴露有着密切关系。我认为，我们正在创造一个世界，一个可以运用一些智能产品通过无线通信的方法相互‘交流’的世界，这个产品可以是你的手机或是其他东西。在这样的信息世界里，一切皆可交流，一切都是透明化的。当然，有时这会成为问题，因为你想要隐藏一些东西，但是却难免暴露出来。如果我们将这种会变透明的材料与可以将隐藏和暴露转换的技术应用到时装中，会发生什么呢？”于是，罗斯加德团队开始了他们的研发和设计。

随着时间的推移，这件衣服的设计理念也在不断发展，最后他们从一种特殊的材料上获取了灵感。“有一天，我在研究弹性屏幕的实验

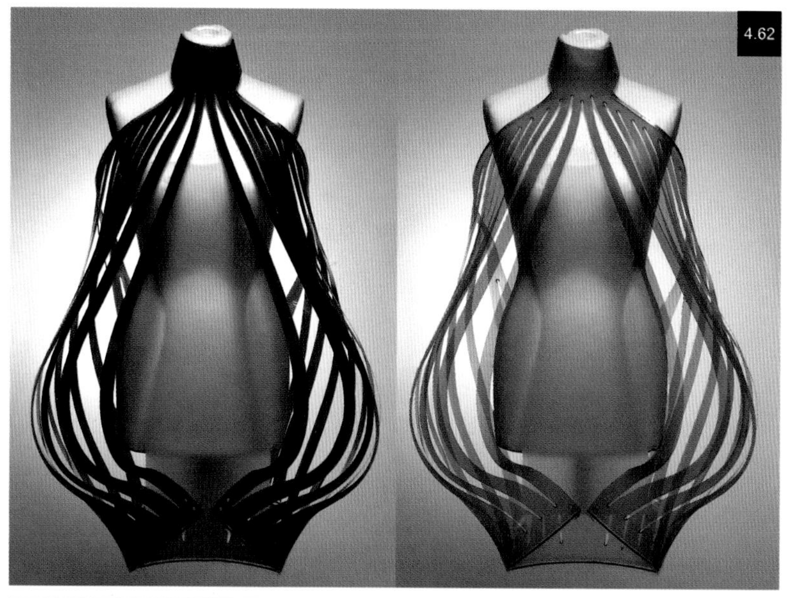

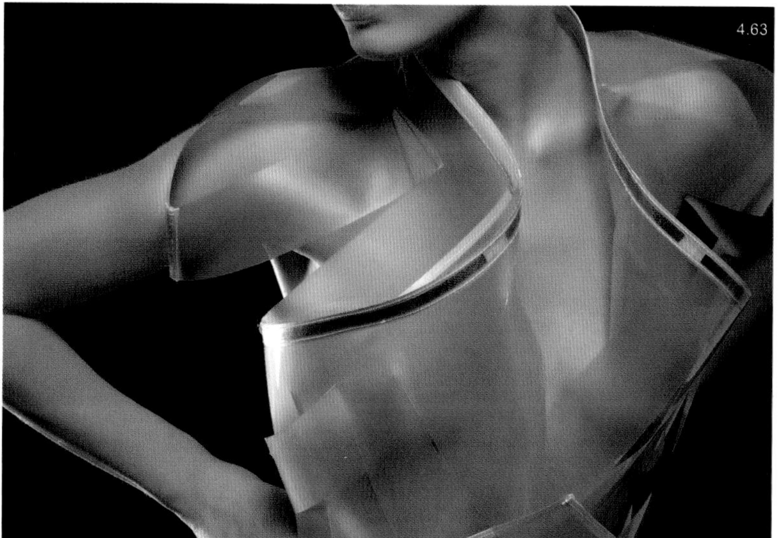

图 4.62

图为罗斯加德名为“亲密”设计项目的不同版本。其中一件服装可以根据穿着者的心跳速度变为不同程度的透明感。另一件是男装，若穿着者说谎，服装就会变得透明。

图 4.63

这是“亲密”项目系列服装模型细节图。这件高科技服装由皮革和电子锡箔制成，通过个人的交互行为可以从半透明变为透明。

图 4.64

电子锡箔可以隐藏或展露模特的身体。模特越兴奋时，服装就会变得越性感。这件服装将人的感觉展示了出来。

室的角落里看到了某种东西，当时我问‘这是什么?’‘什么也不是，’实验室的研究员回答说，‘就是一种能从白色变成透明的材料。’这是一种厚度约为1毫米的材料。我立刻对它产生了浓厚的兴趣。他们同意我把那种材料拿回去研究。之后不久，我们就让生产厂商将这种材料制作得更具有弹性，并添加了紫外线防护的功能。现在，我们可以将这种材料变成半透明状，以前它只能是白色或透明的。”

公共关系与私人的亲密关系

这件服装背后的理念点燃了人们对于个人或私人空间的讨论。在生活中，当有人靠你太近时，你就会在意这个问题。这件服装的出现将个人空间的问题摆在了人们的面前。它使人们开始思考是否要将身体的活力显露出来，也使人们更加关注人与人的公共关系和私人的亲密关系之间的区别。

当谈到这件服装的创作过程和它所带来的影响时，罗斯加德说：“总有一些人常说梦想是不可能实现的，但是我的任务就是使这种不可能变成现实。”

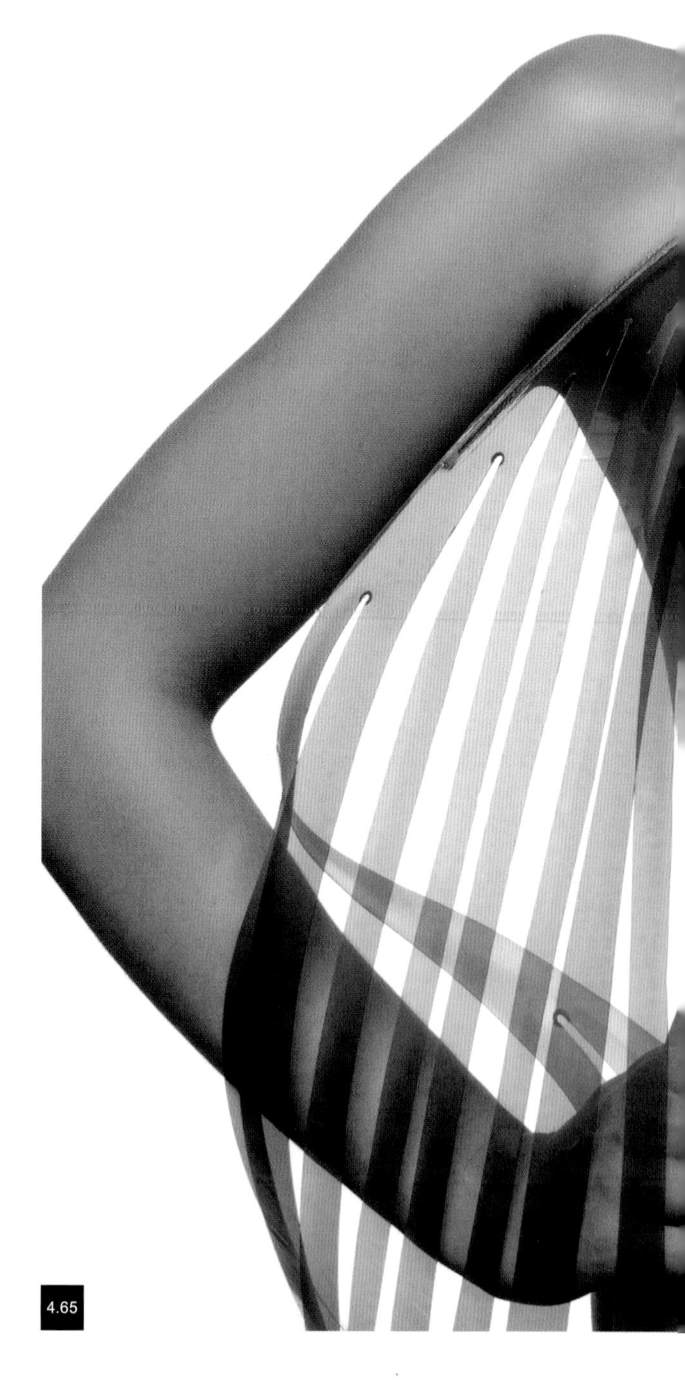

4.65

图 4.65

“亲密”系列服装创造性地将智能锡箔、无线电科技、电子、LED 灯、铜和其他不同材质结合在一起。

“综合设计 + 建筑”工作室（SDA）和杰森·吉列（Jason Gillette）

面料印象纺织品股份有限公司（Fabric Images）

2013 年，来自美国洛杉矶的“综合设计 + 建筑”工作室（Synthesis Design + Architecture，即 SDA）因为沃尔沃（Volvo）汽车公司设计的“纯张力车棚”（Pure Tension Pavilion）获得了设计比赛的冠军。他们的作品是一个易折叠的独立式薄膜结构，这是受意大利沃尔沃汽车公司委托设计的一款便携式充电站，适用于展出的新型沃尔沃 V60 插电式混合动力车。从这个作品最初的设计构思到 2013 年 9 月在意大利罗马正式展出的整个过程中，SDA 工作室一直与洛杉矶标赫工程公司（BuroHappold Los Angeles）及面料印象纺织品股份有限公司进行合作。面料印象纺织品股份有限公司是一家一流的生产张力面料和产品的公司。他们携手共同创建了这项研发工程，并使用了先进的 CAD 方法，包括关联建模、动态网弛缓、几何化、嵌板工艺、材料性能等。

SDA 工作室的创始人，阿尔文·黄（Alvin Huang）在设计“纯张力车棚”项目的过程中遇到了很多挑战，这个能充电的张力车棚结构材料要轻，能够折叠，同时还得具有足够的承受力；而且它还需要有标志性的设计来搭配展出的汽车，最重要的是它必须是便携式的。因此，设计团队要求拆卸和组装这个张力车棚的时间

4.66

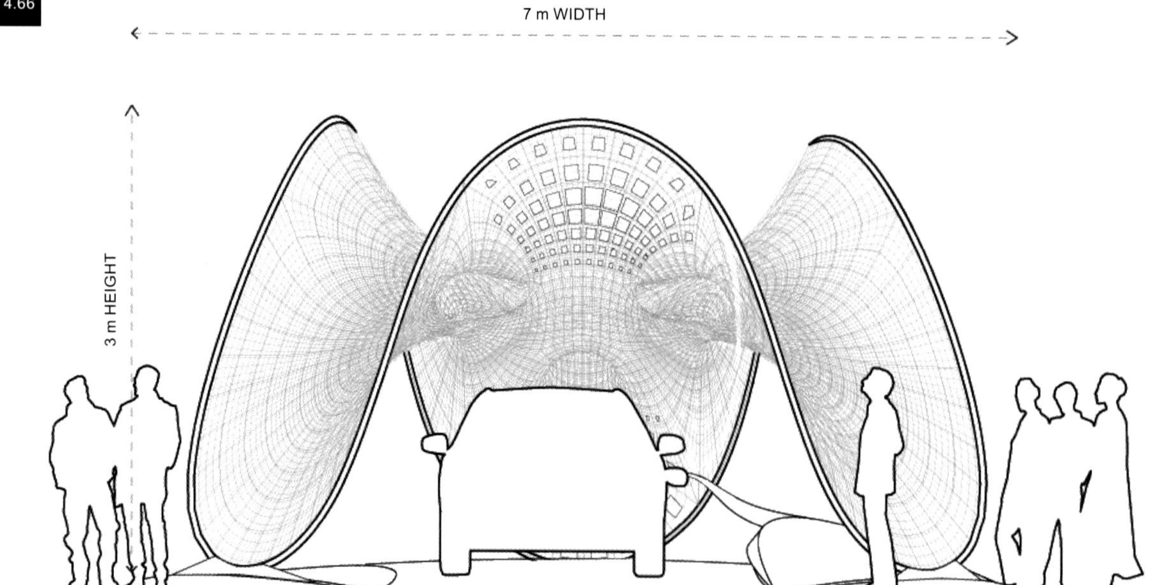

4.67

4.68

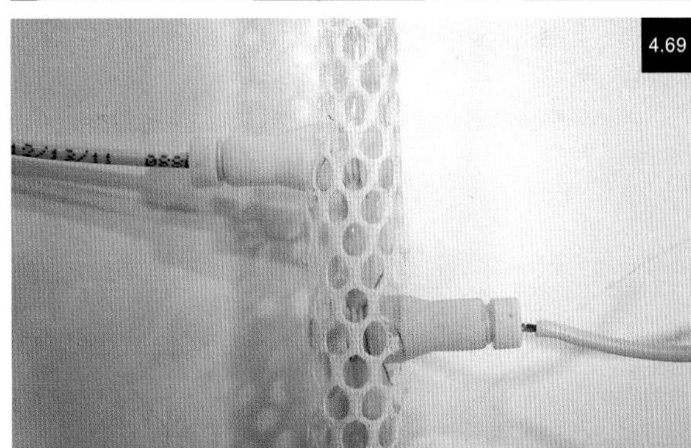

4.69

图 4.66

图片展示的是“纯张力车棚”项目成品的造型，展现了这项设计的规模以及与汽车、用户之间的关系。该设计实现了将太阳能充电站置于混合动力汽车后备箱中的可能性。

图 4.67

图为 100 多块四边形面料，每一块的最终形状都由激光进行精确尺寸的切割。

图 4.68

面料印象公司的一位技师把每一片要嵌入太阳能电池的网格铺开，然后再将它们缝制在一起，用于车棚的制作。

图 4.69

利用光伏电池板收集太阳能，再通过嵌入网格的导线传输到车棚的各个框架。

图 4.70，图 4.71，图 4.72 & 图 4.73

这是将通电网格板连接在一起的细节图，它们在收集太阳能（图 4.73）后可以为混合动力汽车的充电电池进行充电。充满电需要 8~14 小时。

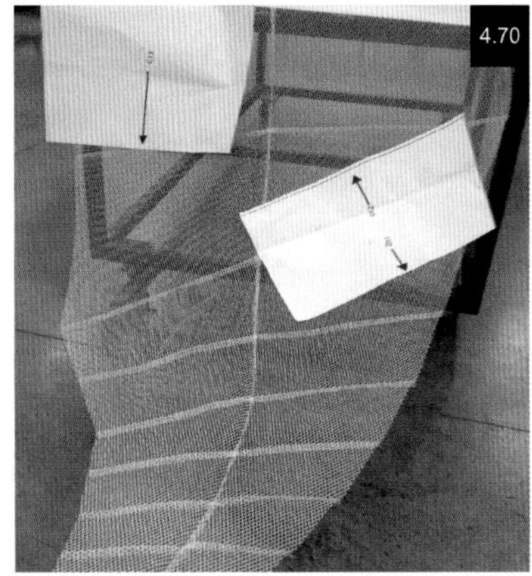

4.70

4.71

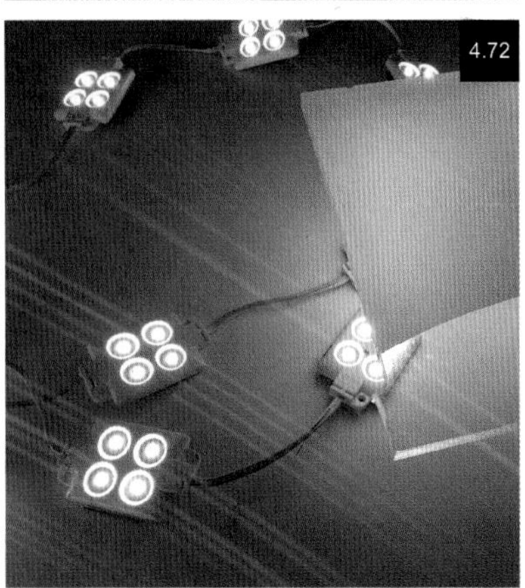

4.72

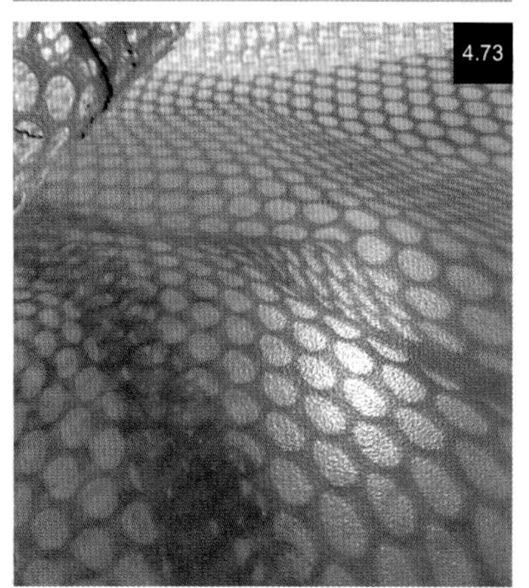

4.73

不超过 1 小时，并可以折叠起来放入汽车的后备箱中。

SDA 工作室一开始的工作重心是张力材料上的选择，他们需要的材料必须轻便、具有一定承受力而且易折叠。随后，他们设计出了可以提高汽车性能的方案，进一步的构想使他们将这个设计方案发展成为了可以给汽车充电的便携式充电站。最终，两个概念的结合成为了他们的制胜法宝。之后不断的改进使这个设计进一步的合理化，更加有利于最终成品的制作。

杰森·吉列是面料印象公司的主设计师，他负责 SDA 工作室这个作品的模型制作，最终使该设计获得大奖。吉列说，他们通过计算机 Rhino and Grasshopper 设计软件设计出了一个极其漂亮的草图，用复杂又曲折的管道组成了一个漏斗状的造型，十分美观，于是他们花费了三个月的时间构想如何将这个设计变成现实。

面料印象公司的设计团队在吉列的带领下开始对选择的面料进行测试，为了使材料尽可能轻便，他们采用了网状结构，但也考虑到这

图 4.74
这是工作室里最初模型的全景图。

项设计必须适用于多风地区，所以，他们通过动态网弛缓的方法对三种不同的网状材料进行了测试。这种方法是利用计算机模拟各种压力施加给测试材料，以寻找外形与压力之间的平衡。这是一种预应力辊型设计，就是依次通过框架拉伸面料来创造需要的形状和图案。他们选定了一种透气率达到 70% 的网状面料，用这种面料为车棚设计了一个由三部分组成的三明治式的网状表面，然后使用相对容易获取的乙烯基材料制成光伏（PV）叶片，嵌入光伏太阳能电池板（亦称光伏电池板）。这个车棚的表面共有近 600 个这样的光伏电池板。

SDA 工作室为吉列的团队提供了这个车棚表面的 3D 草图，依据这个草图他们就能够开始车棚形状的设计了。他们把整个车棚分成尺寸大小便于操控的几个部分，然后通过计算机数字控制机床（CNC）对其进行精准切割。

时间紧迫，SDA 工作室展开了全面的模型制作。如果可以顺利实施他们的计划，他们认为可以赶在最后日期前完成整个车棚的制作。

4.74

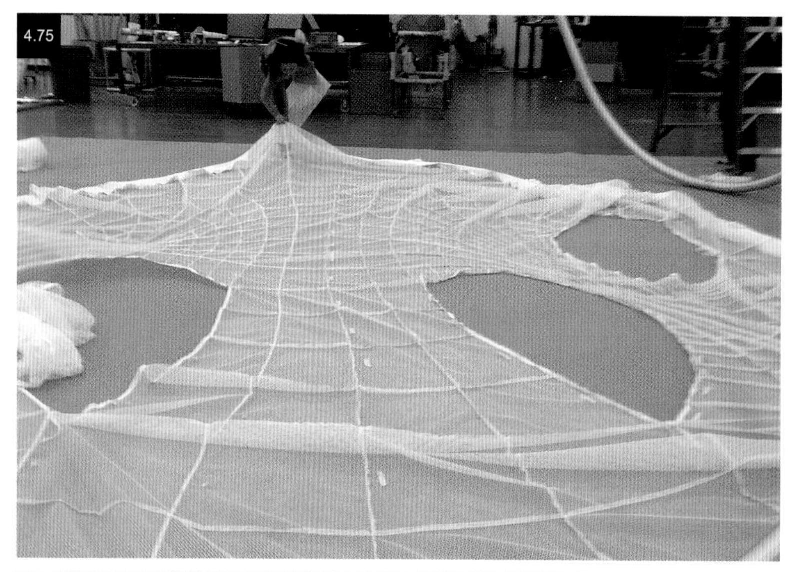

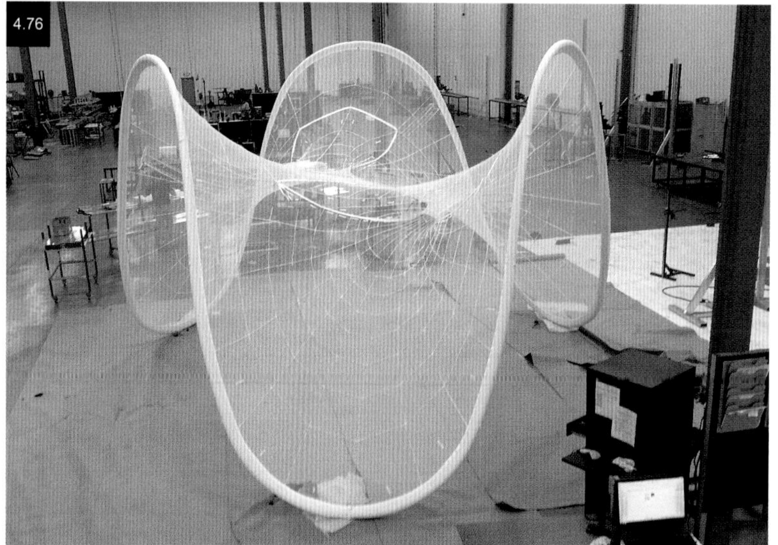

图 4.75

“纯张力车棚”的网格板完成了制作并准备应用于管状框架上。

图 4.76

最初的模型是以网格和框架结构构建而成。

图 4.77

图为将第一排太阳能电池板嵌于网格棚的结构中，设计师在评估为沃尔沃汽车设计的最终模型。整个车棚的规模需要按照汽车的外形进行设计，以达到更好的效果。

图 4.78

为沃尔沃汽车设计的“纯张力车棚”成品与车的照片。组装好的“纯张力车棚”在天气状况允许的情况下，需要 8~14 小时为汽车的充电电池充满电，且可以折叠放入汽车后备箱中。

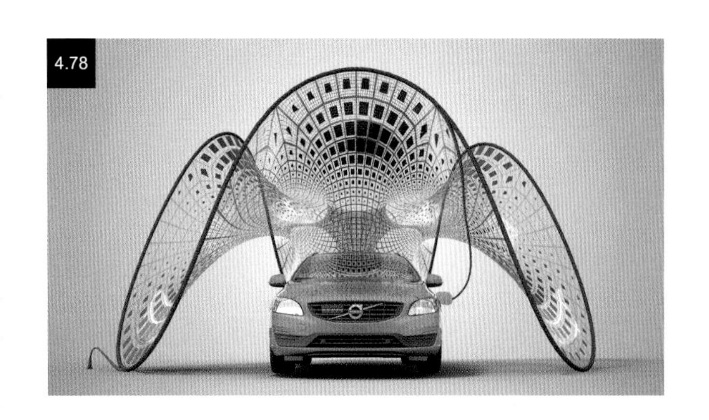
4.78

他们将车棚的表面分割成几个四边形的部分，并将500~600个光伏电池板缝制在一起，就像缝被子那样。他们满怀着期望，创建了第一个模型，其高度误差不超过0.3厘米，宽度误差在7.6厘米左右。之后，他们仅需进行细微调整就可以达到期望的完美状态。

制作蓄电池箱

这个设计的关键是蓄电池的安装。他们将光伏电池的导线通过车棚的各个框架，最终汇集到一个蓄电池箱中。设计师们估计，使用这个蓄电池给混合动力汽车完全充满电需要8~14小时。吉列在介绍这个设计的制作过程时说："我们制作的蓄电池箱实际上是一个内置大容量电池和太阳能充电器的铝制框架的箱子。我们将所有的太阳能嵌板连接在车棚表面，再将电流接入定制的线管中，最终汇集到蓄电池箱。蓄电池箱蓄满的电量会给插入的混合动力汽车充电。"

吉列还描述了同SDA工作室合作构思和制作"纯张力车棚"的收获，他说："这是个有趣的过程，因为我们与设计师们一同设计，并反复修改，最终的设计图让我们感到十分满意。"他说在这项设计中得到的最大收获就是试验，利用充分的时间和资源对材料、特别是还在考虑的材料进行试验。他说，"必须认认真真地进行试验。我们几乎像是和这些材料睡在一起，这样你才会知道哪些材料的效果是你想要的。一旦选定了材料，你就可以用相同的逻辑去使用新的材料，你会做出更棒的决定，这才是对材料潜能的真正探索。"

工程设计——基于科学探索

工程师们通常采用实践的方法来产生创意。科学的探索往往更加需要缜密的分析和逻辑的判断，每一个具体步骤的实施都会遵循预先设定好的计划来进行，并且还要准确地记录每个步骤并深入地分析得来的数据。

工程师们依靠工程设计的方法来量化创意的结果。一个有序、严谨的研究设计过程可以研制出医学领域的救命药物，也可以生产出保障安全、具有保护性的产品，甚至还可以进行太空探索。因此，工程师们采用科学探索的方法来进行设计。

小结

工程设计建立在研究的基础上。然而，很多艺术设计的实践过程都包含研究，那么如何区别工程设计过程和艺术设计过程呢？我认为科学、工程学、设计和艺术都存在从具体到抽象的过程。尽管研究总是让人联想到科学和工程学，但事实上，各学科都要进行研究，只不过使用的研究方法不同而已。

露西·邓恩博士（Dr. Lucy Dunne）说过，“你从实验或工程设计过程中所学到的东西，其实同样适用于很多其他设计的应用，并与很多领域相关”。露西·邓恩博士是明尼苏达大学服装设计专业的一名教授，她的研究课题和课堂教学的重点就是关于工程设计方法的使用。我与她谈论过时装设计和工程学方法之间的差异，并一致认为要解决设计中遇到的问题，就要在特定背景下寻找解决办法。脱离了特定的背景，往往这种办法就不再奏效。

但是，也有工程学和设计相混合的灰色地带。工程学方法依靠证据和量化计算获得精确的结果或得到改进。有时，设计也可能需要这样的信息。例如，为体育竞赛运动员设计运动服装或运动鞋，就需要大量精确数据的支持。当然，也并非总是如此。多数设计还是基于许多其他非量化的指标。

邓恩还说过，“工程学将设计看作是工程过程的一部分，但是，我并不这么认为。在一些领域中，如建筑领域，二者的划分界限还是十分清楚的，负责进行构思设计的是建筑设计师，而负责将构思方案变为现实的是工程建造师。在时尚界同样如此。现在，创意设计和技术设计的划分已变得越来越明显。”

工程过程是运用实验方法解决特殊问题的过程，因此，它最终会和设计分离开来。

萨宾·西摩（Sabine Seymour）

月晷公司（Moondial）

萨宾·西摩常常被人描述成一个有远见的人，她有多种身份：设计师、研究员、作家、监理，此外，她还是个时尚达人。她的著作《时尚科技：设计、时尚、科学与技术的交叉点》（*Fashionable Technology*：*The Intersection of Design*，*Fashion*，*Science*，*and Technology*）（2008）和《功能美学：时尚科技的目标》（*Functional Aesthetics: Visions in Fashionable Technology*）（2010），被看作是可穿戴技术领域和智能纺织品领域的必读书籍。她是时尚科技实验室（Fashionable Technology Lab）的主管兼纽约帕森斯设计学院的助理教授，她在世界各地策划、展出、宣传关于时装与科技的结合。她还是月晷公司的创意总监，主要负责智能服装和可穿戴技术的开发以及潮流趋势的探究，她将无线电一体化技术运用于服装及设备的理念创新。

西摩的创意都十分有趣，特别是那些关于新技术应用的创意。她说："你需要为自己建立一个包括材料、流程和潜在合作方的庞大的知识、信息基础。"她还提到，在创建这个巨大的知识和信息基础的过程中，原本不存在的特定材料或技术，总是会不经意地出现在开发过程中。在前面章节的案例中，就已经讨论过设计师原本无法寻找到所需的特殊材料，但最终通过大量的实验进行材料研发并获得了成功。

西摩的创作过程始于信息收集。她说："假如我们要为医疗保健领域开发一个项目，我们就需要从这个领域的专家口中获取信息。如果是体育运动领域，同样需要从运动领域的专业人士身上获取信息。如果我们研究特种工作服装的话，则必须与特种工作者进行对话，包括那些在公司上班的人和穿着这种服装的操作人员，我们需要寻找很多人了解信息。这个过程非常有效且带给我们很多灵感。我在开发不同产品的时候受到很多启发。"可以看出，收集信息、对用户进行重点分析、了解市场为西摩和她的团队进行产品设计以及产品使用方式提供了多种启示。

在特定环境中进行设计

在收集到丰富的信息之后，月晷公司的研发团队开始对各种特定材料进行实验研究。这个过程包括大量的用户分析和交互性能的测试。他们做了大量的实测，研究穿着者与服装之间的互动。这也是在测试对特定材料和技术的研究究竟能达到什么程度。西摩解释说："我们就是想看看我们的设计在特定的环境中是否能够有效发挥作用。这是我们最初原型设计过程的一个重要部分，在这个过程中我们要建构大量的原型。"一旦原型制作成功，他们就会咨询大量客户，在获得丰富信息的基础上，进行产品

图 4.79

图为萨宾 · 西摩身披“乐队围巾”的场景。这是一种结合声音的纺织品，可以给佩戴者个性化声波的体验。

图 4.80

通过操纵围巾的开关，佩戴者可以创造特殊的声波，进而产生各种声音。这项发明是受月晷公司委托，由艾尼斯 · 卡格（Ines Kaag）、布莱斯公司（Bless）的黛丝丽 · 海斯（Desiree Heiss）以及Popkalab 工作室的里卡多 · 奥那西门托（Ricardo O'Nascimento）共同合作完成。

图 4.81

图为一双录音鞋，它通过内部装置可以进行脚步声的录音和回放；穿着者在静止不动的状态下，也会有一种走路的感觉。

4.79

4.80

4.81

的生产。

当谈及在一个跨学科团队中进行工作时，西摩说："由于每个人的出发点不同，所以大家的想法也不尽相同。工程师对事物的理解和时装设计师是完全不同的，思路当然也不一样。"但是，她也承认工程学方法对他们的设计有很大帮助，特别是涉及到核心技术时。她建议说："一定要与他人合作。如果你是一名服装设计师，就同工程师进行合作。假若你是一名工程师，就去寻找材料科学家，或是与材料公司进行合作。这就是我最想告诉人们的，只有合作才能让大家的大脑功能发挥到最大程度。"

图 4.82

图为"作曲枕头吊床"，一种交互式音乐表演工具。巨大的枕头可以演奏音乐，带给人们一种独特的声音体验。

OSTASIEN

约翰娜·布洛姆菲尔德（Johanna Bloomfield）和泰德·萨瑟恩（Ted Southern）

终极前沿设计公司（FFD）

终极前沿设计公司（Final Frontier Design，FFD）成立于2010年，是位于布鲁克林的一家高级技术设计公司，旨在为迅速发展的航天商业市场制作精品宇航服。公司的一位合作伙伴——泰德·萨瑟恩，是一位雕塑家兼设计师，他为“维多利亚的秘密”（Victoria's Secret）设计了多款展览用的天使翅膀。另一位是出生于俄罗斯的苏联太空服设计师尼古拉·莫斯福（Nikolay Moiseev）。他们于2009年组成团队，并获得了美国航空航天局（NASA）举办的“宇航员手套比赛”二等奖。他们与外聘顾问约翰娜·布洛姆菲尔德（时装设计师兼技术顾问）共同设计了许多有趣的作品，其中单层囊式抗负荷系统使他们设计的宇航服独具特色。

4.83

目前，他们正在开发一种低成本的商业宇航服——舱内压力服（IVA），这种航天服的特点是可在紧急情况下增压。终极前沿设计公司设计的舱内压力服的成本预计是现在正在使用的压力服成本的五分之一，重量在7千克（15l磅）以下，是目前这种宇航服重量的二分之一，这可以使宇航员在太空飞行中节省大量燃料。他们的第三代宇航样服在美国航空航天局飞行认证标准的基础上开始制造，实现了多种新性能，包括可伸缩头盔、改良手套、手套分离装置等，这些都是为了更好地控制压力而特别设计的。

压力服

终极前沿设计公司的研发团队将设计过程看作是解决问题的过程。由于他们设计的宇航服要适应不同的太空飞行，所以他们对制作的各种太空服都有许多特殊的要求，这是他们设计的出发点。他们制作的每件太空服都是在压力服的基础上完成的，压力服是一套封闭式的服装，当气压过低不能保证人正常的生存需要时能为宇航员提供机械性的反压力，以帮助他们呼吸。

萨瑟恩说：“在宇航服的领域里，我们尝试让我们的研发设计适合多种用途，例如，热气球飞行、亚轨道和轨道飞行、高空跳伞等。压

图 4.83

约翰娜·布洛姆菲尔德在展示利用焊接机缝制单层囊式抗负荷系统，用于制作设计独特的宇航服。

图 4.84

这是终极前沿设计公司的内景。桌面上放置着宇航服的成品。后面墙上的照片是他们已经制作出的宇航服，包括尼古拉·莫斯福为苏联太空计划设计的太空服。

力服所具有的功能是许多功能服装均应具备的，更是宇航服必须具有的。于是，我们给设计的压力服增加了夹层，因为像高空跳伞这样的特殊运动，不但需要压力服，还需要热能来起到保暖或隔绝的作用，当然，这种服装一般是不需要防火或防辐射的。我们的想法是根据不同的要求给压力服添加合适的组件。我们花费了大量的时间研究和设计压力服。这是太空服设计中最困难、也是最重要的一部分，它必须具备充分的灵活性，不能有任何渗漏，不能出现任何差错。”

图 4.85

这是各种太空手套的样品。一个成功的手套设计是非常复杂的，需要使用大量的工程学知识以适应太空服的特殊要求。

图 4.86

终极前沿设计公司的标志。

图 4.87

工作人员在工作室中试穿橙色的测试服。他们在实验室中模拟很多简单动作以评估宇航员穿着的舒适度和功能性。

在有了明确的问题导向后，他们的下一步工作就是进行材料选择和应用。终极前沿设计公司团队的每个人都在设计过程中有着特定的任务。尼古拉·莫斯福工程师，负责太空服的功能设计；萨瑟恩负责材料选择和原型制作，这方面他有着很多有价值的经验；员工卡里·洛夫则是专职的制模师兼裁缝。萨瑟恩描述在工作室工作的情景时，说："我和合作伙伴尼古拉争吵起来，就像夫妻一样。他与我完全不同，他在苏联长大，是为政府工作了 20 多年的宇航服设计工程师。他与身为艺术家的我有着不同的工作方法。某些时候，我甚至很难理解他的行为动机。他曾经对我说过（有俄语口音），'如果我的设计出现了问题，对我来说就

4.87

图 4.88
尼古拉·莫斯福（左）和泰德·萨瑟恩（右）在实验室里。

是监狱。’他对我的生活的总结是‘寻找乐趣’。不过最后，我们的合作变的十分顺利。在这个过程中有许多挑战和交流上的障碍。但我相信他，也相信他丰富的经验。”

隔绝口袋

萨瑟恩还谈到了约翰娜·布洛姆菲尔德的贡献。布洛姆菲尔德是一位多才多艺的设计师，她帮助整个团队找到了最关键性的面料，还找到了许多合作者帮助他们完成设计制作。布洛姆菲尔德还带来了她与艺术家亚当·哈维（Adam Harvey）共同研发的“隔绝口袋”，它是手机的隐私保护器。一旦把手机放入这个口袋，手机就会自动断开网络。她通过将这项技术进一步完善，使其应用于美国军队，这就是整个团队考虑将这项口袋技术应用于太空服中的原因。

布洛姆菲尔德有关智能面料的广泛知识使整个团队找到了他们单凭自己无法获取的材料，如他们用于太空服手套设计的防火弹性面料。布洛姆菲尔德之前从事男装设计，毕业于伦敦时装学院，她为瑞克·欧文斯（Rick Owens）、拉尔夫·劳伦（ Ralph Lauren）和世爵运动用品公司（Spyder Active Sports）做服装设计，后来成立了自己的品牌。她最有名的两项设计是与亚当·哈维合作的“隔绝口袋”和“隐身衣”。她说：“这些服装设计的想法是出于保护穿着者不被监听的目的，但我们又不想让穿着者看上去像半机械人或是未来人一样奇怪。我们想把这种保护技术与人们的日常穿着融为一体，保证服装的美观。”“隔绝口袋”是在手机追踪日益增加的情况下研发出来的，他们还有一系列的研发成果，如有反监听并保护隐私功能的隐身衣。

布洛姆菲尔德解释道：“这两项设计都使用了金属面料。我们在样品设计的过程中进行了大量的研究和测试。一般的时装设计不会用到这些材料和步骤，这是新的挑战和体验。这使我开始了与终极前沿设计公司的合作，不断寻找适合的智能材料。在完成他们与美国航空航天局的一项研发合同中，我成为了他们的技术材料专家。这个研发项目要解决的是太空旅行中防辐射的问题。”

布洛姆菲尔德和萨瑟恩都认为他们的设计工作远多于工程工作。萨瑟恩还提到他在普瑞特艺术学院所接受的艺术训练给这次的项目研发带来了很大的帮助。他说：“我的老师罗伯特·扎卡里安（Robert Zakarian）常说每件事总有它存在的缘由。你不能因为喜欢某一种颜色就只使用它。每件事物都有其适合的颜色，也总有一种它适合的设计。这应该就是你做出具体选择的合乎逻辑的理由。这大概也更倾向于工程学态度而不是艺术家的态度，但是我仍然信奉这个道理。”

4.88

用户测试

布洛姆菲尔德还说："用户测试是制作创新产品的重要步骤之一。这不是时装设计师的专有词汇。在时装领域，把设计好的服装摆放在展厅里，如果有人愿意购买，就说明设计的服装有市场，是成功的，所以用户测试与这个领域密切相关。对于我们设计的隐身衣或"隔绝口袋"或用于防辐射的设计来说，用户测试可能是各种各样的形式，从使用红外线照相机或是读取辐射波计量仪到对材料、审美以及使用感受等得到的信息反馈。我们还会通过 ASTM（American Society for Testing and Materials，美国材料与试验协会）进行测试，这是对材料的物理性质（包括呼吸阻力、阻燃性、抗拉强度等）进行的标准测试。这样的标准工业测试不同于时装设计对材料进行的测试。在极端情况下，我们甚至会使用一种粒子加速器对制作的防辐射涂料进行高能辐射测试。"

所以这些设计过程所需的技术步骤——测试、记录和对结果的测量以及将数据与标准进行对比，需要花费一年以上的时间。这就是工程设计在寻找材料和材料构建上会花费如此大量时间的原因。当谈及她的设计过程以及如何将传统的时装设计转变为适应工程学的设计时，布洛姆菲尔德解释说："我的设计是不断发展的，没有所谓的开始。但是一项新的设计常常会让我发现一种新的材料。我时常光顾智能纺织品的贸易展会、功能纺织品贸易展会，参加相关领域的交流以获取更多的信息。当与客户交流时，我帮助他们了解最新的发展动态，帮助他们确定将新技术与哪些产品相结合。我经常翻看期刊，查阅一切我可以找到的信息。"萨瑟恩也表示同意她的观点，他还补充说，一大部分重要的信息来源于《美国航空航天局技术简报》（*NASA's Tech Briefs*），这是一份免费出版的刊物，经常登载有关新材料的文章。

布洛姆菲尔德继续说："很多先进的技术材料尽管开始时与普通消费者产生了一些交集，但大多数情况下不在普通消费层面。目前，有一些采用了金属的热反射面料开始应用于人们日常外套的制作中。"

使用新材料

与找到合适的材料同样重要的是适当地使用这些材料的方法。萨瑟恩和布洛姆菲尔德都谈到了使用新材料的困难之处。这个过程包含多次尝试和失误，甚至在如何缝制这样简单的操作上也同样需要不断地尝试。例如，经过很长时间缝合有聚氨酯涂层的锦纶面料的尝试后，萨瑟恩最终发现了最好的办法是进行热封。他解释道："最初我尝试将面料进行缝合和焊接以达到良好的密封性。后来我给生产厂家打电话，希望他们能推荐合适的密封胶。可他们却说，'为什么要密封呢？这种面料可以热封，你可以采用高温熨烫的办法。'可这些我完全不了解。"后来，他使用一个超声波焊接机来进行试验，但是发现它只适合于又长又直的接缝，无法满足他们的需要。最后，他们创造了自己的工具——一个经过特殊设计的大型手动熨斗装置，他们甚至可以利用它对太空手套上的细小缝合处进行处理。

终极前沿设计公司对研发项目的每个细节都进行原型设计，再使用焊接机、激光切割机裁剪材料，误差只有1毫米，所以，他们制造出的太空服要优于行业测试的标准。

布洛姆菲尔德也在其他公司当顾问，她补充说："在外面的工厂工作时，作为一名设计师，对于我来说最大的问题是我要了解并适应他们的机器。如当他们使用重型机针去缝制含金属的锦纶材料时，我就会想，使用这种机针无法进行缝制，干脆采用更粗的针。但事实是，使用更粗的针时，会损坏面料，产生更多的破洞。如果想要创建一种能够屏蔽射频电磁辐射的壳体时，我就需要同他们进行沟通，采用更细的针。"

考虑到未来的设计师们所需要的技巧，布洛姆菲尔德建议道："新兴的设计师应当学会合作。设计确实可以帮助人类解决很多现实问题，从气候变化到气动式衣柜等。在未来，人们可能穿梭于宇宙太空，我们需要为他们提供更具技术含量的服装，而一位美国航空航天局的工程师则不是设计宇航服的最佳人选。我可不想穿上一件ASIS（American Society for Industrial Security，美国工业安全协会）检测出的含有毒物质的服装。我想要的是和现在身上穿着的衣服一样，在材料上更加先进的服装。我认为这需要具备合作精神，并取决于我们的环境在接下来的五年、十年会是什么样子。"

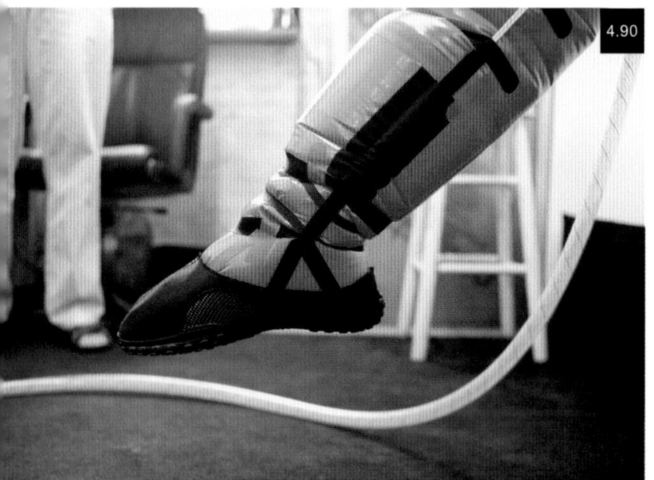

图 4.89

在实验室里模拟宇航员起飞和降落时的位置与状态，分析宇航服的功能和舒适度。

图 4.90

测试太空鞋的结构设计，一名实验员在展示运动的灵活性。

图 4.91

正在测试终极前沿太空服样衣的运动延展程度和舒适度。

Online Articles

Baesgen, H., Schillings, H., Berg, E., (Mar. 20, 1990). "Bioelastic warp-knit and its production". Patent application. Retrieved Dec. 2013. http://www.google.com/patents/US4909049

Boyle, R. (June 2, 2011) "In the future, your clothes will clean the air, generate power and save your life". Retrieved Oct. 2013.

Bradley, R. (Apr. 17, 2012) "Bio-Armor: printing protective plates from patterns in nature". Popular Science. Retrieved July 2013. http://www.popsci.com/technology/article/2012-04/bio-armor

Broudy, B. (Nov. 11, 2011) North Face's ThermoBall wants to revolutionize jacket insulation". Popular Science. Retrieved May 2013. http://www.popsci.com/technology/article/2011-11/north-faces-thermoball-jackets-promise-goldilocks-winter-warmth?dom=PSC&loc=recent&lnk=8&con=north-faces-thermoball-wants-to-revolutionize-jacket-insulation

Broudy, B. (Aug. 1, 2012) "The first short that lowers your body temperature". Popular Science. Retrieved July 2013. http://www.popsci.com/technology/article/2012-07/first-shirt-lower-body-temperature

Cartlidge, E. (May 10, 2011) "Translucent curtains soak up sound". IOP Institute of Physics. Retrieved Nov. 2013 http://physicsworld.com/cws/article/news/2011/may/10/translucent-curtains-soak-up-sound

Cochlin, D. (Sept. 4, 2012) "'Magic carpet' could help prevent falls". University of Manchester. Retrieved Feb. 2013. http://www.manchester.ac.uk/discover/news/article/?id=8648

Collette, M. (Jan. 4, 2012) "With tentacles in many disciplines, capstone team merges engineering, design." News at Northeastern. Retrieved Jan. 2014. http://www.northeastern.edu/news/2012/01/squid/

Coxworth, B. (May 2, 2012) "Squid-inspired tech could lead to color-changing smart materials". Gizmag. Retrieved Sept. 2013. http://www.gizmag.com/squid-inspired-color-changing-clothes/22383/

Crane, L. (June 21, 2013) "Under Armour 39 review". Digital Trends. Retrieved Dec. 2013. http://www.digitaltrends.com/fitness-apparel-reviews/under-armour39-review/#!bCcS1Y

Diep, F. (Feb. 27, 2013) "Insanely rubbery battery stretches to 4 times its length". Popular Science. Retrieved July 2013. http://www.popsci.com/technology/article/2013-02/rubbery-battery-stretches-300-percent

Empson, E. (June 30, 2012) "With tech from space, Ministry of Supply is building the next generation of dress shirts". Tech Crunch. Retrieved Sept. 2013. http://techcrunch.com/2012/06/30/ministry-of-supply/

Fang, J. (Sept. 25, 2013) "The smart textiles of tomorrow". Fashiontech. Retrieved Mar. 2014. http://fashiontech.wordpress.com/2013/09/25/7630/

Ferro, S. (Mar. 5, 2013) "How winter woes inspired a nanotech fix for everything from cold necks to knee pain". Popular Science. Retrieved June 2013. http://www.popsci.com/technology/article/2013-03/tech-transfer-winter-woes-nanotech-cold-necks-knee-pain?dom=PSC&loc=recent&lnk=1&con=how-winter-woes-inspired-a-nanotech-fix-for-everything-from-cold-necks-to-knee-pain

Fox, S. (Apr. 25, 2012) "2012 Military wishlist features smart wound-diagnosing uniforms and dogfighting drones". Popular Science. Retrieved Aug. 2013. http://www.popsci.com/technology/article/2012-04/2012-military-wishlist-features-smart-wound-diagnosing-uniforms-and-dogfighting-drones?dom=PSC&loc=recent&lnk=6&con=2012-military-wishlist-features-smart-wounddiagnosing-uniforms-and-dogfighting-drones

Jirousek, C. (1995) "Creativity and the design process". Art Design and Visual Thinking. Retrieved Jan. 2013. http://char.txa.cornell.edu/language/creative.htm

Klausner, A. (?). "Slipping into smart fabrics". Core 77. Retrieved Sept. 2013. http://www.core77.com/materials/art_smartfab.asp

Lecher, C. (June 13, 2013) "'NeuroKnitting' turns brain scans Into personalized scarves". Popular Science. Retrieved May 2013. http://www.popsci.com/technology/article/2013-06/neuroknitting-turns-brain-scans-personalized-scarves?dom=PSC&loc=recent&lnk=1&con=neuroknitting-turns-brain-scans-into-personalized-scarves

Meinhold, B. (Sept. 30, 2011) "Under Armour's biometric compression shirt tracks, broadcasts athletic performance (video)". Ecouterre. Retrieved Nov. 2013. http://www.ecouterre.com/under-armours-biometric-compression-shirt-tracks-broadcasts-athletic-performance-video/

Nosowitz, D. (Apr. 7, 2011) "New superhydrophobic fabric blocks both water and UV rays". Popular Science. Retrieved June 2013. http://www.popsci.com/technology/article/2011-04/new-superhydrophobic-fabric-blocks-both-water-and-uv-rays

Rossiter, J., Yap, B., Conn, A., (May 2, 2012). "Squid and zebrafish cells inspire camouflage smart materials". IOP Institute of Physics. Retrieved Nov. 2013. https://www.iop.org/news/12/may/page_55183.html

Syuzi, (Dec. 16, 2009) "CO2 dress – a beautiful pollution-sensing dress". Fashioning Tech. Retrieved Nov. 2013. http://fashioningtech.com/profiles/blogs/c02-dress-a-beautiful

Templeton, G. (June 30, 2013) "New smart fiber changes color when stretched". Geek.com. Retrieved Aug. 2013. http://www.geek.com/science/new-smart-fiber-changes-color-when-stretched-1537741/

Yu, B. (?). Textile damage. *International Fabricare Institute Bulletin, #629, 5/91* http://70.88.161.72/ifi/BULLETIN/TOI/Toi629.pdf

Printed Articles

Chuang, M., Windmiller, J. et al. "Textile-based Electrochemical Sensing: Effect of Fabric Substrate and Detection of Nitroaromatic Explosives". Electroanalysis ISEAC 2012, Volume 22, pages 2511–2518, Nov. 2010.

Hamedi, M., Herlogsson, L., Crispin, X., Marcilla, R. et al. "Electronic Textiles: Fiber-embedded Electrolyte-gated Field-effect Transistors for e-Textiles". Wiley Online Library. John Wiley & Sons, Inc., 22 Jan. 2009.

Hamedi, M., Forchheimer, R., Inganas, O., "Towards Woven Logic from Organic Electronic Fibres". Nature Materials. Nature Publishing Group, 4 Apr. 2007.

Lee, M., Eckert, R., Forberich, K., Dennler, G., et al., "Solar Power Wires Based on Organic Photovoltaic Materials". Science. American Association for the Advancement of Science, 12 Mar. 2009.

Malzahn, K. Windmiller, JR, et al. "Wearable Electrochemical Sensors for in situ Analysis in Marine Environments". Analyst. 2011 July 21;136(14):2912-7.

Post, R., Orth, M., Russo, P., and Gershenfeld, N. "E-broidery: Design and Fabrication of Textile-based Computing." IBM Systems Journal 39, 3-4 (2000), 840–860.

Windmiller, J. and Wang, J. "Wearable Electrochemical Sensors and Biosensors: a Review". Electroanalysis ISEAC 2012, Volume 25, Issue 1, pages 29-46.

Yang, Y., Chuand, M., Lou, S., Wang, J. "Thick-film Textile-based Amperometric Sensors and Biosensors". Analyst 2010.

Books

Braddock Clark, S., O'Mahony, M. *SportsTech: revolutionary fabrics, fashion and design*. New York: Thames & Hudson, 2002.

Braddock Clark, S., O'Mahony, M. *Techno textiles 2*. New York: Thames & Hudson, 2006.

Damon, A., H. Stoudt and R. McFarland, *The human body in equipment design*. Cambridge, Ma,: Harvard University Press, 1966.

Hatch, K., *Textile science*. Minneapolis: West Publishing Company, 1993.

Hudson, P., Clapp, A., Kness, D., *Joseph's introductory textile science, sixth edition*. New York: Harcourt Brace, 1993.

Jones, C., et al., *Sensorium embodied experience, technology and contemporary art*. Massachusetts: The MIT Press, 2006.

Joseph, M., *Introductory textile science, sixth edition*. New York: Holt, Rinehart and Winston, 1992.

McQuaid, M., et al. *Extreme textiles*. New York: Princeton Architectural Press, 2005.

Moritz, E., et al., *The engineering of sport, volume 3*, Germany: Springer Science + Business Media, 2010.

Quinn, B., *Techno fashion*. London, New York: Berg 2002.

Quinn, B., *Textile futures*. London, New York: Berg 2010.

Quinn, B., *Textile visionaries*. London: Laurence King Publishing, 2013.

Raheel, M., *Protective clothing systems and materials*. New York: Marcel Dekker, Inc. 1994.

Renbourn, E., *Physiology and hygiene of materials and clothing*. Watford, UK: Merrow Series, 2004.

Renbourn, E. T., and W. T. Rees, *Materials and clothing in health and disease*. London: H. K. Lewis, 1998.

Salazar, L., *Fashion v sport*. London: V&A Publishing, 2008.

Seymour, S., *Fashionable technology*. New York: Springer Wien New York, 2009.

Stewart, R., *Higher further, faster...is technology improving sport?* UK: John Wiley & Sons, Inc., 2008.

索引

Page numbers in *italics* refer to illustration captions

插图版权

11: the Holy dress was made by: Melissa Coleman, Leonie Smelt and Joachim Rotteveel, photography: Sanja Marušić; **14:** © Kim Kyung Hoon/Reuters/Corbis; **15t:** Flori Kryethi EOTEVI; **15b:** Living Wall, courtesy Leah Buechley; **16:** Florian Kräutli; **17l, c:** Pierre Verdy/AFP/Getty Images; **17r, 115, 116, 117:** polychromelab; **18:** courtesy Mercedes-Benz UK Limited; **19, 82, 83, 84, 85, 91, 101r:** courtesy GZE; **20l:** designer: Angella Mackey, photographer: Henrik Bengtsson, model: Jenny Andersson; **20r:** designed by Diffus Design Aps by Hanne-Louise Johannesen and Michel Guglielmi, developed by Diffus Design Aps together with Inntex, Italy, embroidery by Forster Rohner AG and their revolutionary embroidery® technology, image © Diffus Design Aps; **21:** Neuroknitting, by Varvara Guljajeva, Mar Canet and Sebastian Mealla Cincuegrani (2013), model: Sebastian Mealla Cincuegrani; **22, 23:** the 'Herself' dress is the world's first prototype air purifying dress, the piece is a key output of The Catalytic Clothing Project, in collaboration with Professor Tony Ryan PVC, Faculty of Science at Sheffield University, the textiles were created as part of a collaboration with Trish Belford of Tactility Factory and the University of Ulster in 2010, image by DED Design; **24l:** © Steven Tee/LAT Photographic; **24r:** © Sutton Images/Corbis; **25l:** SSG Coltin Heller/DVIDS; **25r:** inventor, science and engineering: Professor Dava Newman, MIT, design: Guillermo Trotti, A.I.A., Trotti and Associates, Inc.,Cambridge, MA, fabrication: Dainese, Vicenza, Italy, photography: Douglas Sonders; **26, 27:** Pankaj & Nidhi; **29:** Novanex Interactive LED dress, 2011, © Sonago for Novanex; **30, 69:** Francis Bitonti Studio Inc.; **31:** photo: Greg Kessler; **32, 33:** photo: Martin Noboa; **36:** Adam Paxson, Kyle Hounsell, & Jim Bales; **37:** courtesy Spidi Sport SRL; **38l:** marekuliasz/Shutterstock.com; **38r:** Rex Features; **39:** © Outlast Technologies LLC; **40:** Schoeller Technologies AG; **41l:** courtesy Speedo and ANSYS, Inc.; **41r:** dpa picture alliance archive/Alamy; **42l:** Hannah Peters/Getty Images; **42r:** Peter Parks/AFP/Getty Images; **44l:** Sail Racing Int/Jan Söderström; **44r:** Jeff Harris/Gallery Stock; **45tl:** project: Greg Lynn FORM, North Sails, Swarovski, image courtesy Greg Lynn FORM; **45tr:** Paul Todd/Gallo Images/Getty Images; **45b:** Don Emmert/AFP/Getty Images; **46l, 56t:** courtesy of Less EMF Inc.; **46r:** potowizard/Shutterstock.com; **47:** photos taken by Dr Patrick Hook, inventor of the helical-auxetic system and Managing Director, Auxetix Ltd.; **48:** NASA; **49t:** Shane Gross/Shutterstock.com; **49bl:** Eye of Science/Science Photo Library; **49br:** Pascal Goetgheluck/Science Photo Library; **50t:** designed by Noah Waxman in Brooklyn, NY, photo: Owen Bruce; **50bl:** © Science Picture Co./Corbis; **50br:** image provided by Jianfeng Zang and Zuanhe Zhao, Duke University; **51:** photography: Özgür Albayrak, © Max Schäth, e-motion project, Berlin University of the Arts, Prof. Valeska Schmidt-Thomsen, 2009; **52l:** Adam Paxson; **52r:** www.skin-care-forum.basf.com, BASF Personal Care and Nutrition GmbH; **53:** © Habu Textiles, photography by Vanessa Yap-Einbund; **54, 55, 56, 59, 88:** Forster Rohner Textile Innovations; **57l:** courtesy Parabeam B.V.; **57c:** photo: Lorenzo Marchesi; **57r:** Someya-Sekitani Group, University of Tokyo; **58tl:** designer: Pauline van Dongen, this project was developed in collaboration with Christiaan Holland and Gert Jan Jongerden, photography: Mike Nicolaassen, hair & make-up: Angelique Stapelbroek, model: Julia J. at Fresh Model Management; **58tr:** courtesy the artist and Klaus von Nichtssagend Gallery; **58b:** courtesy Jin-Woo Han, Ames Research Centre, NASA; **60, 61:** Zane Berzina and Jackson Tan; **62, 74l:** courtesy Loop. pH; **63l:** photo: Eva Stööp; **63r:** courtesy Inventables Inc.; **64l:** Jonathan Rossiter & Andrew Conn, Univ. Bristol, UK; **64c:** H.S. Photos/Alamy; **64r:** US Department of Energy/ Science Photo Library; **65tl, tr:** The North Face®; **65b:** Col D'Anterne, France, photo: Damiano Levati; **66:** Demon United, 2014 www.demonsnow.com; **67:** photo courtesy of Dow Corning; **68:** Neri Oxman, Architect and Designer, in collaboration with W. Craig Carter (MIT), 2012, Digital Materials, Museum of Science, Boston; **70t:** made by Alice Nasto, in the MIT Media Lab course "New Textiles" taught by Leah Buechley; **70c, b:** courtesy Earl Stewart; **71:** Strawberry Noir, part of the Biolace series © Carole Collet 2012; **74r:** created by Aaron Sherwood & Michael Allison, photo by Yang Jiang; **76:** courtesy Jennifer Darmour; **78, 80:** www.Philips.com; **79t:** Kollektion Silent Space © Annette Douglas Textiles; **79b:** courtesy Roel Vertegaal; **81l:** project: concept plane AIRBUS A350, designers flooring: Erik Mantel & Yvonne Laurysen, company: LAMA concept, interior design of Airbus: Priestman Goode & Airbus Design Team, year: 2006, courtesy image: AIRBUS France; **81r:** designers: Erik Mantel & Yvonne Laurysen, company: LAMA concept, year: 2006, courtesy image: LAMA concept; **86:** CITA - Centre for IT and Architecture, Copenhagen, by Mette Ramsgard Thomsen and Karin Bech; **87:** creator: Dr Jenny Tillotson, Textile Futures Research Centre, University of the Arts, London, photographer: Simon Barber; **89:** courtesy Columbia Sportswear; **90:** warmX GmbH German, Mr. Christoph Mueller; **92l**: Design Mithril Kevlar Jacket: Peter Askulv, Klättermusen; **92r:** photo: Helly Hansen AS; **93:** photography: Jonathan Shaun/Makers & Riders, designer/ maker of pant: Jonathan Shaun/Makers & Riders, design: 3-Season Weatherproof Suprema Jean, textile: Polartec NeoShell Waterproof, handmade in Chicago, IL; **94:** Elisabeth Grebe, Linz; Copyright: Utope 2014, www.utope. eu; **95:** Joe Robbins/Getty Images; **96, 105:** courtesy MC10; **97:** courtesy DuPont; **98:** courtesy Garrison Bespoke; **99:** Hövding (photographer: Jonas Ingerstedt);

100: Hövding; **101l:** © LZH developed within PROSYS-laser®; **102:** courtesy Hansen Protection; **104:** J. Rogers, University of Illinois; **106:** Joseph Gaul/Alamy; **107:** courtesy First Warning Systems; **108:** courtesy Geneviève Dion; **109:** © Empa - Swiss Federal Laboratories for Materials and Technology; **118:** The HugShirt was invented by Francesca Rosella and Ryan Genz, co-founders of award-winning fashion company CuteCircuit; **120t:** Tom Oldham/Rex Features; **120bl:** J. B. Spector/Museum of Science and Industry, Chicago/Getty Images; **120br:** John Shearer/WireImage/GettyImages; **123tl, tr:** courtesy CuteCircuit; **p123b, 125:** Fernanda Calfat/Getty Images for CuteCircuit; **124:** photo Marco Piraccini; **129tl, tr, c, 130, 133:** Studio subTela; **129b, 132:** photo: Hesam Khoshneviss; **134, 135, 137:** courtesy Margaret Orth; **140:** John Kenney, Montreal Gazette © 2013; **141tl, tr:** photo: Mathieu Fortin; **141b, 143, 145:** photo: Dominique Lafond; **146, 148, 149, 151:** photo: Sara Robertson, this work was carried out with funding from the Heriot-Watt University CDI Research Theme, all results are those of the author and Heriot-Watt University is not responsible for any issues arising from them, support for The 'Smart Costume' project came from Heriot Watt University - Professor Ruth Aylett, Dr Sandy Louchart and from Dundee University DJCAD - Dr Sara Robertson and Dougie Kinnear, dyes were supplier by LCR Hallcrest; **147tl, c, b:** photo: Brian Robertson, this work was carried out with funding from the Heriot-Watt University CDI Research Theme, all results are those of the author and Heriot-Watt University is not responsible for any issues arising from them, support for The 'Smart Costume' project came from Heriot Watt University - Professor Ruth Aylett, Dr Sandy Louchart and from Dundee University DJCAD - Dr Sara Robertson and Dougie Kinnear, dyes were supplier by LCR Hallcrest; **147tr:** photo: Lynsey Calder, this work was carried out with funding from the Heriot-Watt University CDI Research Theme, all results are those of the author and Heriot-Watt University is not responsible for any issues arising from them, support for The 'Smart Costume' project came from Heriot Watt University - Professor Ruth Aylett, Dr Sandy Louchart and from Dundee University DJCAD - Dr Sara Robertson and Dougie Kinnear, dyes were supplier by LCR Hallcrest; **154, 155, 157, 159:** Studio Roosegaarde - Dan Roosegaarde; **160, 164, 165:** design team: Alvin Huang, Filipa Valente, Chiaching Yang, Behnaz Farahi, Yueming Zhou, structural engineering: Buro Happold Los Angeles (Greg Otto, Stephen Lewis, Ron Elad), fabrication: Fabric Images, Chicago, custom photovoltaic panels: Ascent Solar, Texas, solar consultant: FTL Solar, New Jersey, client: Volvo Italy, competition organizer: The Plan Magazine (Italy); **161, 162, 163:** courtesy Jason Gillette; **169, 171:** photos from the exhibition Sonic Fabric at MAK Fashion Lab. © Bless, photo: Bless; **172, 173, 174r, 175, 177, 179tl, r:** photo by Final Frontier Design; **174l, 179bl:** photo Dave Mosher.

致谢

在我撰写此书的过程中，各位设计师、艺术家及科学家都能在百忙之中抽出宝贵的时间与我见面，并与我进行深入地沟通交流，毫无保留地将他们的思想和作品展示给我，使我受益匪浅。在此，我表示深深的谢意。同时，我也向给予我巨大帮助的个人和公司表示感谢。在整个写作过程中，大家给予我热忱的响应使我十分感动，可以说，没有各位此书难成。

我还要诚挚感谢英国伦敦劳伦斯·金出版社以及编辑彼得·琼斯（Peter Jones）在此作品成形过程中给予我的宝贵建议和意见。

最后，我要真心感谢我的丈夫丹尼尔（Daniel）及我的儿子达科塔（Dakota）和狄伦（Dylan），他们给予我的支持和鼓励是我完成此书的巨大动力。我将此书献给他们。